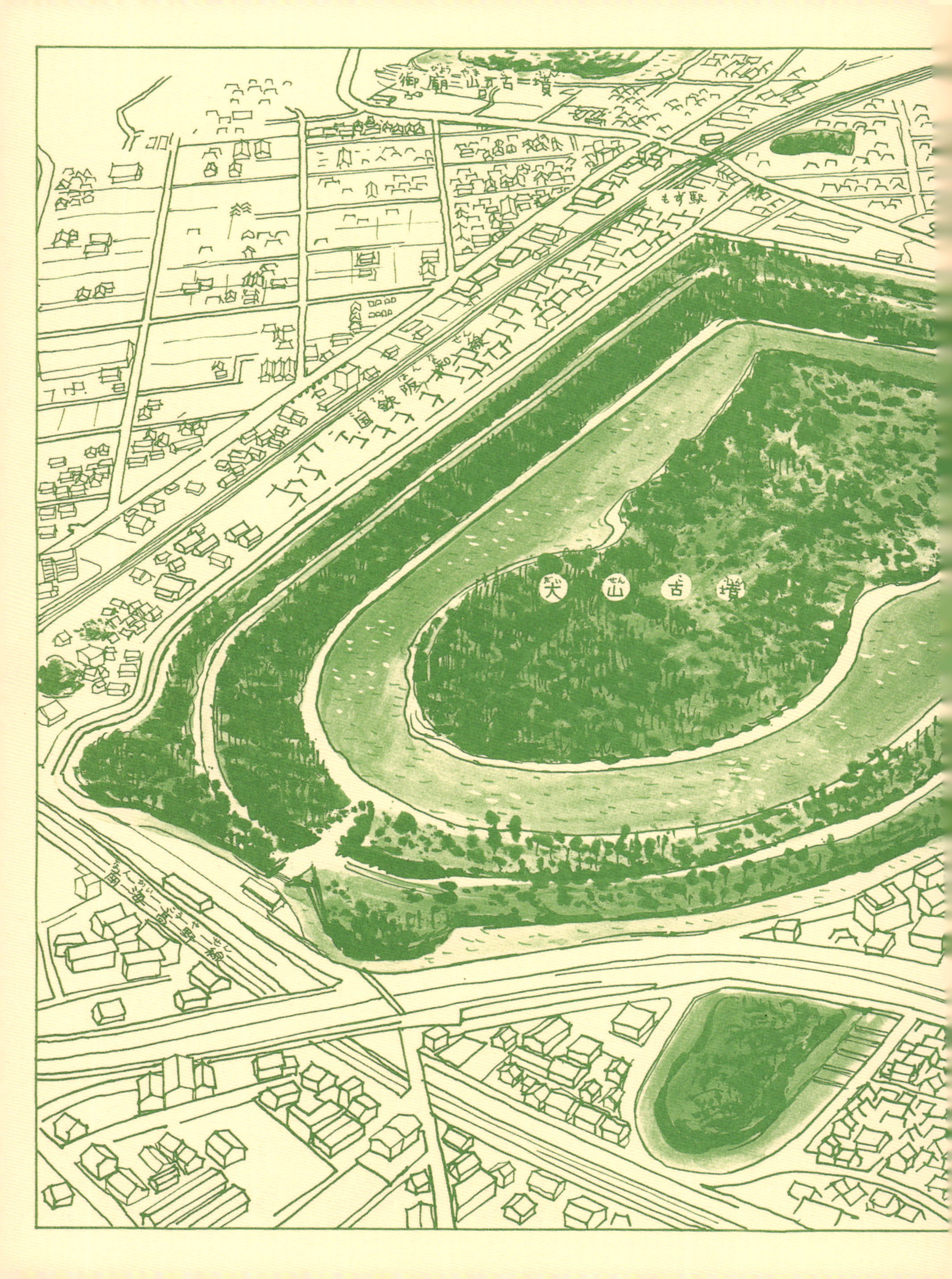
御廟山古墳
もず駅
国鉄阪和線
大山古墳
南海高野線

现在的大山古坟（坟丘长度约 487 米）

甲子园球场

（从本垒板到中心点约 120 米）

文
景

Horizon

社科新知　文艺新潮

日本营造之美

第一辑

巨大古坟

探索前方后圆坟之谜

[日] 森浩一　著
[日] 穗积和夫　绘
张秋明　译

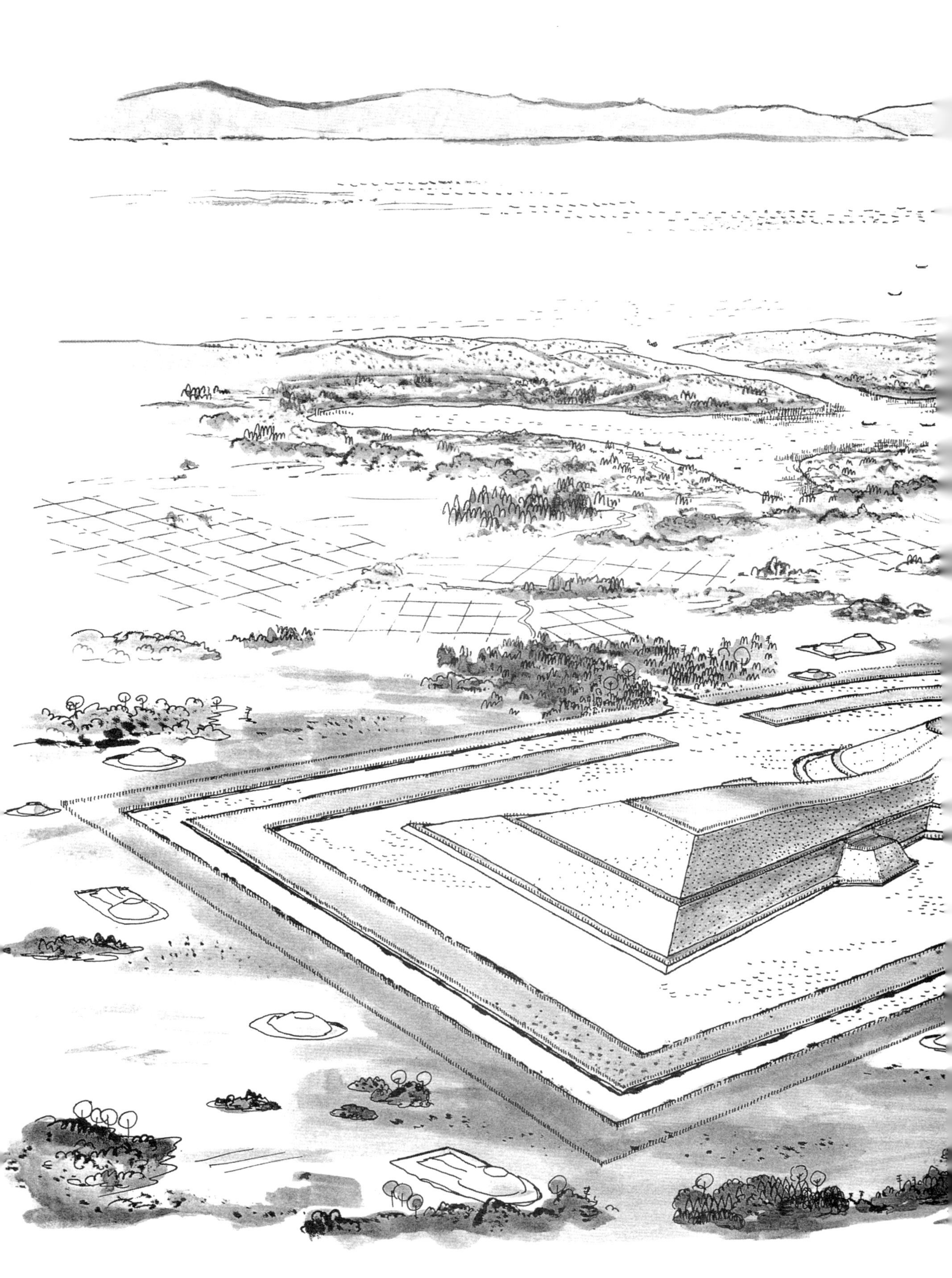

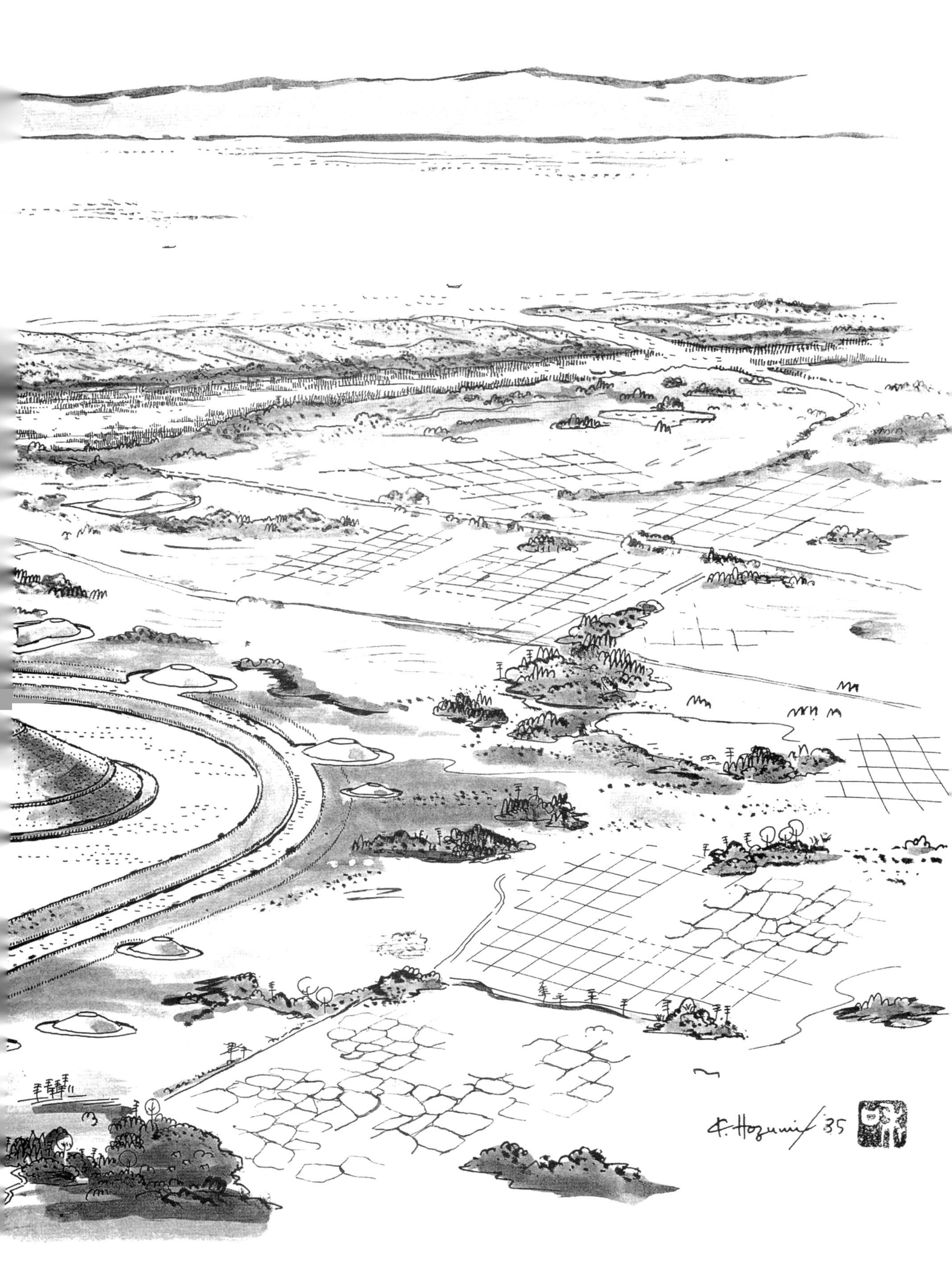
F. Hozumi / 35

目　录

前　言

且从笔者的国外旅游经验说起吧。笔者刚刚参观中国和韩国的古代遗迹回来，前几天才看到的秦始皇陵和百济武宁王陵还深深留在脑海里。“中国的古代文化果然精彩！”当我心中还在思考着这些，飞机已从四国飞到大阪南部的上空，机上广播通知“即将抵达大阪国际机场了”。就在这时候，眼底下突然出现巨大的前方后圆坟，心中立刻涌起一股终于回到日本的真实感。

这座古坟周遭已经完全被住宅、学校等建筑物包围。虽然身处现代都市的环境中，却仿佛强调“唯有这里是古人的领域”般，呈现出拒绝外人进入的独立姿态。上面覆盖着森林的坟丘（古坟微微隆起的部分），一如横躺在大地上的巨人用力伸展四肢一样，充满了张力。环绕在坟丘周遭波光潋滟的壕沟，在视觉上也造成了与现代人生活空间有所区隔的效果。然而，大家可能都没有注意到，古坟周围壕沟的设计其实是日本列岛特有的形式，它更加凸显了前方后圆坟丘的特异性。

笔者从1千米的高度俯瞰的这座古坟，是大阪府市百舌鸟古坟群中最重要的一座，也是日本规模最大（坟丘长度约480米）的前方后圆坟。这座古坟被日本宫内厅定名为仁德天皇陵（墓），笔者则称之为“大山古坟”，其理由说明如下。

日本全国约有15万座古坟，其中包含古坟时代没有坟丘的横穴墓。有学术证据、知道其中埋葬何人，也就是说，确知受葬者的古坟其实仅有20余座。其中之一是位于福冈县八女市的前方后圆坟，确定为6世纪上半叶与大和势力有过大战的筑紫君磐井之墓。那么该古坟是否该称为磐井古坟呢？倒也不尽然，我们通常是以“岩户山”之名来称呼它。

对于大部分的古坟，后人都不以传说的受葬者名号来命名，而是尽可能用亲切的地名来称呼。例如埼玉县的稻荷山、东京都的芝丸山等都是如此。大阪这座古坟长期被人们称为“大山”。有时“山”也代表“仙”字，所以又叫“大仙陵”。这座古坟虽然被定名为仁德陵，但事实上并没有任何明确的证据确定其受葬者身份。由于它无法给予世人更加明确的印象，所以笔者不以仁德陵，而是用大山古坟来称呼它。

笔者从前面就一直使用“前方后圆坟”的用语，这并非古坟时代的说法，而是江户时代蒲生君平[1]创立的新名词。蒲生君平实地考察近畿地方的天皇陵时，注意到有许多被称为车冢的古坟，于是思索出“该古坟在形状上是中国古代宫车形状的延伸，但是是由泥土完成的”的假设。他按照车行方向，将圆形部分称为后，方形（其实并非正方形，而是长方形或梯形）称为前，以示区别。然而蒲生君平的说法未能佐以学术的证实，所谓的前后区别至今仍是一个谜。后圆部分已确定为埋葬死者的地方，前方部分的功能何在，尚未有定论。

因此有的学者建议，“前方后圆坟”一词不过是蒲生君平的假设，并非专业的学术用语，应该停止使用，另造新词。此一想法固然没错，但因为该用语早已变成一般常见的日语了，所以在加上“古坟的前后区别尚未有定论”的前提下，笔者仍使用“前方后圆坟”的说法。

回顾过往，目前我们这些从事考古学研究的人，可以说是生活在一个非常幸运的时代。第一次世界大战发生前不久，英国学者威廉姆斯-弗里曼[2]曾对朋友说：“要成为野外考古学者，必须变成一只鸟才行。”因为在七十年前要从空中俯瞰古坟的形状，对人类而言可说是天方夜谭。甚至在第二次世界大战结束之前日本仍然禁止从高空拍摄天皇陵，因此无法从上空来观察大山古坟等前方后圆坟的天皇陵。

然而，今天我们可以随心所欲地从上空鸟瞰。大部分历史教科书都使用了大山古坟的航拍图，现代人即便不是历史考古学者，肯定也都看过该照片。问题是，现代人享受从上空鸟瞰古坟的成真美梦，是否合适呢？照理说，这些古坟时代的陵寝应该站在地面从侧面观看才对呀。

接下来让我们回到古坟时代，一起看看古人是如何建造古坟的。我们搭船从北九州岛经濑户内海往东行，来到明石海峡时，能看到一座前方后圆坟。这座覆盖石块的坟丘看起来就像整座陵寝都是石造的一样，它是五色冢古坟（神户市）。对海上航行的船只而言，那是一座纯白色的地标，也是显示将进入畿内政治势力范围的建筑物。船继续往东行，经过神户市的敏马浦后，不久海岸边会出现处女冢等三座前方后圆坟。

我们继续往大阪湾东边南下，大阪市内也有几座前方后圆坟，只是我们在船上不太容易看见。不过进入今日堺海岸附近的一个古代港口，立刻可以发现一座巨大的坟丘耸立在台地上。这就是大山古坟。目前古坟上面林木茂盛，但建造之初表面应该都覆盖着石块，人们从海上就能看见这光辉耀眼的坟丘。

大山古坟应该是很适合从海上观望的景观。因此我们有必要将焦点锁定在它与港口的关系上，借以解开其中的谜题。以下笔者将就这座从我懂事以来就认识的大山古坟，仔细说明个人的看法。

1　蒲生君平（1768—1813），江户时代后期的儒学家，著有《山陵志》《今书》等。——译注（下文若无标注，则均为译注）
2　John Peere Williams-Freeman（1858—1943），考古学者。

巨大古坟为何会集中在河内

日本不只有圆坟和方坟，还有所谓的前方后圆坟、前方后方坟、双圆坟、扇贝式古坟等各种形状的古坟。种类之多可说是东亚古坟之冠，这也是日本古坟文化的最大特色。本书详细介绍的前方后圆坟乃日本独创的形式，从九州岛到东北各地均有分布。

根据前方后圆坟的规模，笔者将坟丘长度在160米以上者称为大型古坟，也称为巨大古坟。日本列岛已知存在56座巨大古坟，它们在日本的分布并不平均，奈良县有22座，大阪府有18座，其中大半都集中在畿内地区[1]。

如以古坟的规模大小加以排列，排行前三名的均位于大阪府，奈良县的见濑丸山古坟（橿原市）仅能排名第六。此外，排名第四的冈山县造山古坟（冈山市）也有其重要性，忽视它们的存在会造成事实的不完整，而使我们陷入大和中心主义[2]的迷思。

所谓的古坟时代，大约是公元4世纪到7世纪，笔者将其细分为前期、中期、后期三个部分。因为即便同属古坟时代，不同时期的文化内容仍是不同的。巨大古坟主要集中在中期。

在大阪府，巨大古坟集中的区域自古以来被称为“河内”（kawachi）。建造大山古坟的时期，或许是在古坟时代前期，当时有所谓的河内国行政区域，虽然不知道当时是否和今天一样使用汉字“河内”来表示，但至少在古坟时代后期已经有“kawachi”的河内地域概念了。

8世纪以后的律令时代[3]，河内国的一部分改制为和泉国（天平宝字元年，757年）。今天大山古坟所在的堺市也属于和泉国，因此堺市常被称为“泉州”。有趣的是，中国福建省也有一个和堺市一样贸易兴盛的泉州市。8世纪中期以前，不论是大山古坟、百舌鸟古坟群还是堺港都隶属于河内国。

河内除了大山古坟外，还有一座400米级的超大型前方后圆坟。这座古坟从平安时代（794—1185）以来就被当作应神天皇[4]庙（陵寝）来信仰。虽然宫内厅为其定名应神陵，但笔者仍称之为“誉田山古坟”。誉田山古坟位于原属于南河内郡一部分的羽曳野市，为古市古坟群的中心代表。像这样规模庞大的前方后圆坟多集中在河内，究竟原因何在?

查阅8世纪编纂的《古事记》和《日本书纪》时，笔者发现有关河内土木工程的记载特别多。他们在各个时代不是挖掘大规模的壕沟（如感玖），就是挖掘水池（如狭山池、依网池等），还构筑了茨田堤等堤防以保护水田，避免其受到海水倒灌的侵害。由此可知河内拥有非常先进的土木工程技术，换个角度来看，这片土地上也有促使其土木技术发展的现实原因存在。为了深入了解这一点，我们得回溯到河内地区的绳纹时代[5]和弥生时代[6]。

1　靠近天皇居住的区域，通常指京都、奈良、大阪等关西城市。
2　以自古以来统治日本的大和朝廷为中心的历史观。
3　日本于7世纪后期效仿唐朝而推行大化革新的改革运动，实行中央集权的律令制度。
4　日本第十五代天皇。
5　日本旧石器时代末期至新石器时代，因出土绳纹陶器故名绳纹。
6　约公元前3世纪到公元3世纪中，因于东京都弥生区发现其陶器而得名。

巨大古坟（坟丘长度在 160 米以上）
分布于下列各府县

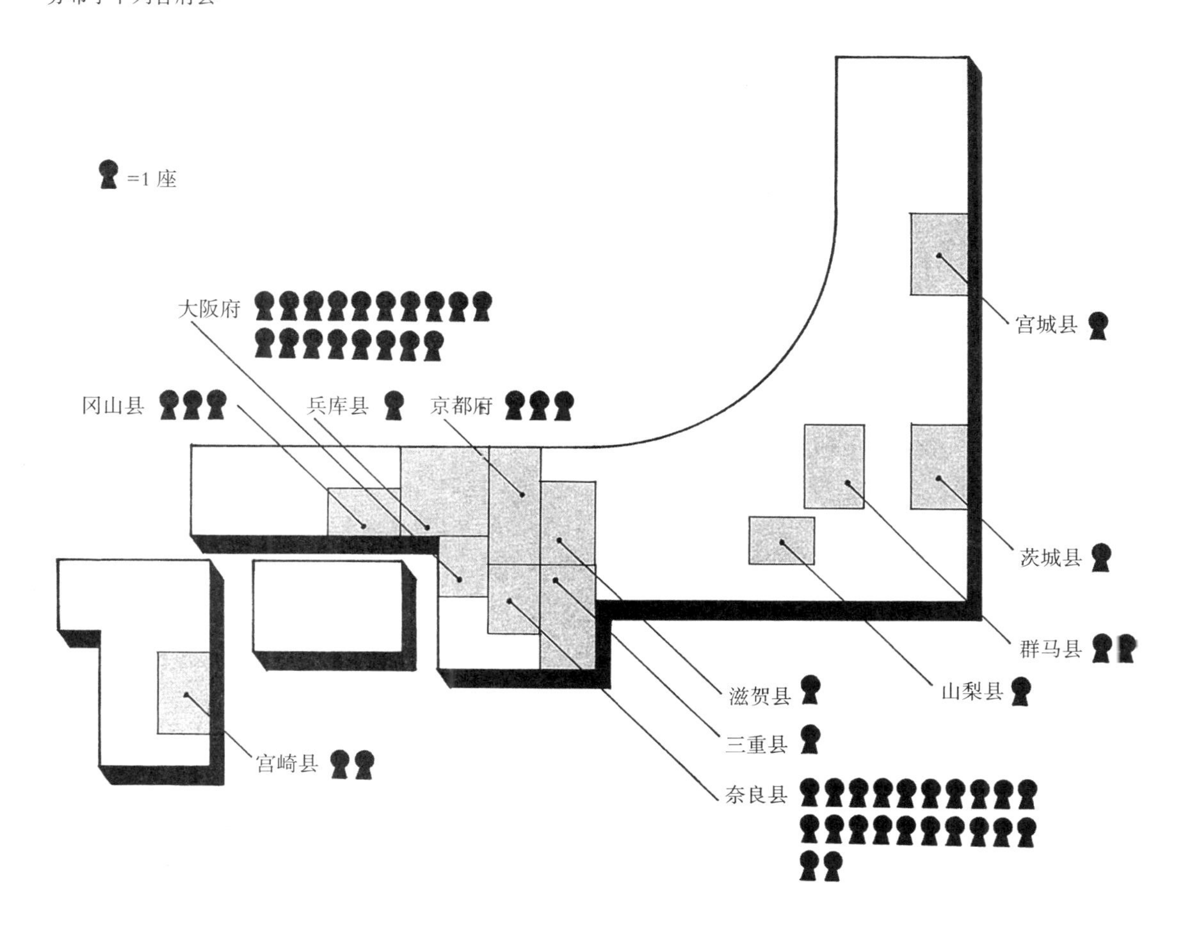

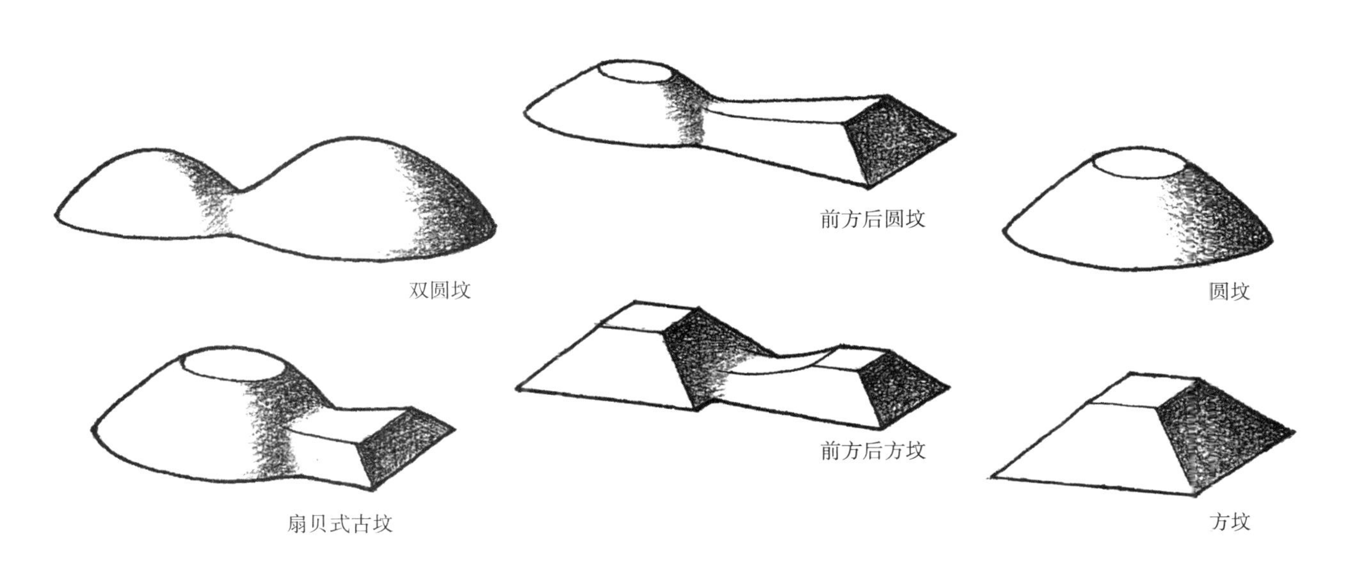

绳纹和弥生时代的河内湾（湖）

绳纹时代的大阪似乎并非适合人居的地方。大阪那个时期的遗迹虽然有日下贝冢（东大阪市）、森之宫贝冢（大阪市）和位于海岸沙丘的春木八幡山遗迹（岸和田市）等，但比起拥有许多绳纹遗迹的千叶县或茨城县仍属偏少。藤井寺市的国府遗迹，因为挖掘出绳纹人的墓地而闻名，同时也有弥生时代和古坟时代大型村落的遗迹。一如其地名所示，后来它成为河内的国府，可见其地位的重要性。可是从日本全国来看，绳纹时代的大阪依然算是人烟稀少、村落不多的地区。

看着今日广大平坦土地相连的河内平原，我们无法想象绳纹时代这里是一个很大的海湾。学者称之为河内湾。海湾因为大小河川带来的泥沙的淤积而逐渐缩小了面积，弥生时代结束时几乎已成了淡水湖。这就是河内湖。

另一方面，现在的大阪府中心区域看不到醒目的高山，一望尽是平地相连的感觉，但实际上这地区的土质（地质）硬度不甚相同。例如从大山古坟所在的百舌鸟一带起，和大阪湾平行并向北延伸的上町台地，拥有形成于冰河期的硬质土壤，到了河内湾（湖）的时代，则像是一道细长的防波堤横隔在内湖与大阪湾之间。台地扮演了防波堤的角色，使得河内湾（湖）的水不得不迂回向北流，刚好从位于今天东海道新干线的新大阪站附近、南北宽约两三千米的出口流进了大阪湾。

这就像一口气往嘴里塞了太多东西，结果经常发生吞咽不下的现象。除了大阪的河水外，河内湾（湖）还有来自滋贺县（近江）、奈良盆地（大和）、京都府南部（山城和丹波的一部分），以及三重县西部（伊贺）等地的雨水汇入。因为出口狭窄，容易淤积泥沙，当地经常出现排水流入大阪湾不甚顺畅的情况。

到了栽种水稻的弥生时代这更是一大问题。当时来自大阪湾的偏西风吹得波浪夹带泥沙，不断沿着上町台地西侧向北推送，形成一道狭长沙洲。这不仅使得台地前端向北延伸，更缩小了水流的出口。

在弥生时代，河内湖周边和湖中小岛的村落经常因为下大雨而遭冲刷或被土石掩埋。这些从最近出土的瓜生堂遗迹（东大阪市）、龟井遗迹（八尾市）等都能获得证实。当然，当时的人为了治水也付出了努力，这就是河内地区土木工程技术发达的主要原因。

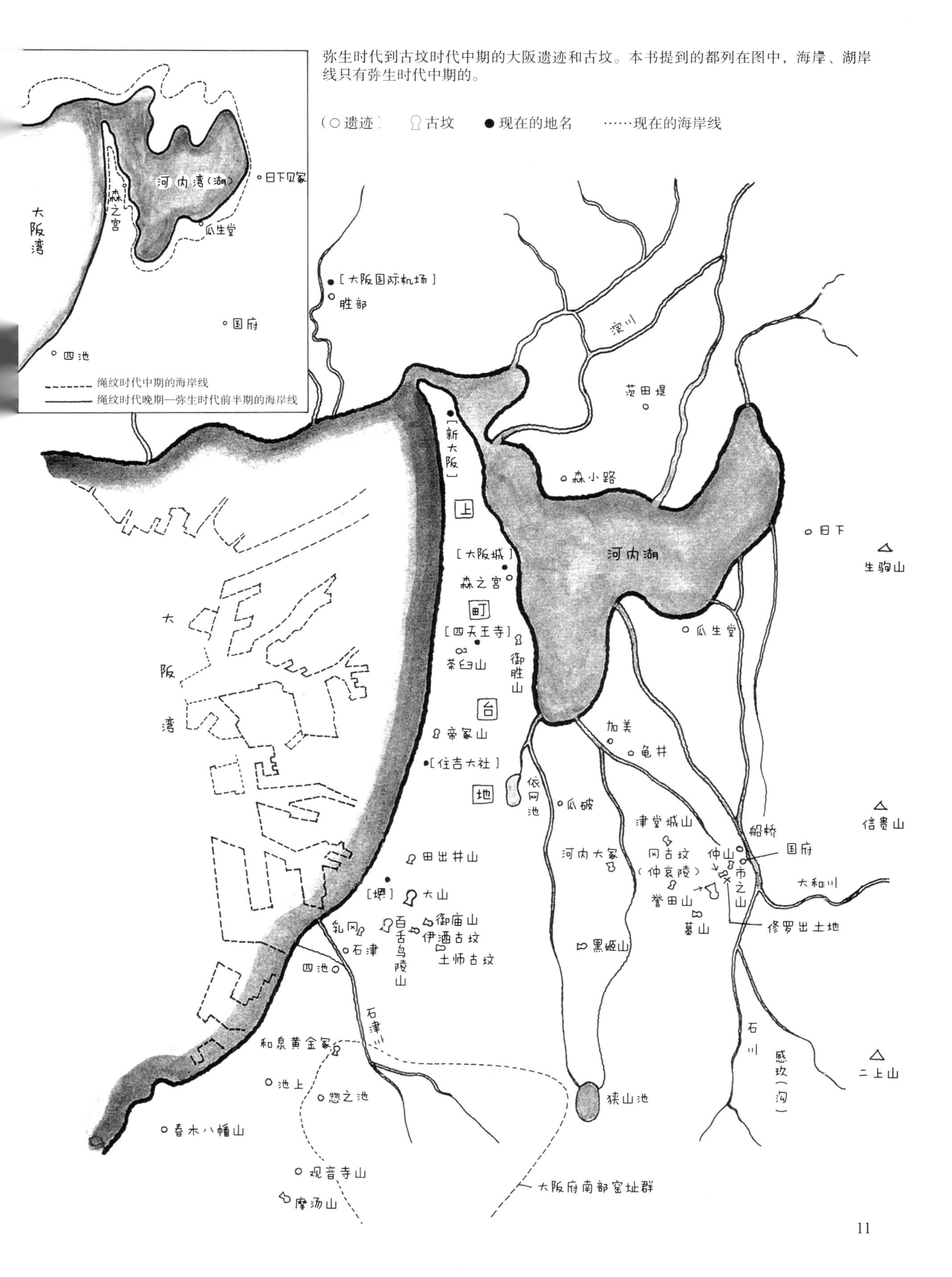

弥生时代到古坟时代中期的大阪遗迹和古坟。本书提到的都列在图中，海岸、湖岸线只有弥生时代中期的。

(○遗迹) 古坟 ●现在的地名 ……现在的海岸线

弥生时代出现掘有壕沟的村落

一进入弥生时代，大阪便出现了许多村落。调查其中的大型遗迹，可发现它们和我们一般称为“弥生村落”的农村有所差异，人们的生活结构变得复杂多了。当地出土了石镞（石头磨制的箭头）等狩猎工具，挂在网上的钓锤、捕捉章鱼的陶罐等渔猎工具，它们固然可看作传承自以前的时代，但是这一时期的人们也开始制作精巧的石器、木制农具，编织衣物，甚至还会制作铜铎（青铜制的贵重乐器）、玻璃勾玉（逗点形状的饰品）等器物。与其说这些村落是自给自足的农村，不如说其丰富的生活形态给人以小型都市已然萌芽的感觉。

像这样，弥生时代的人们群居而住，后来还出现了几个在平地挖掘壕沟的大村落，也就是所谓的“环壕村落”。例如和泉市的池上遗迹，周围环绕着两道宽约 5 米的壕沟，村落的规模为南北约 300 米、东西约 250 米，已接近中世的小都市规模。

池上遗迹的壕沟，似乎并非是以防御为主要目的而挖掘的，它还兼具提供日常用水和排水等功能。另外弥生时代的人们还在村落和河川之间挖掘许多渠道。这些渠道有些利用了天然的水路，除了雨水排水和水田灌溉外，也有被用于排便的遗迹。弥生时代的人们也知道如何挖掘水井，毕竟饮用水还是得讲究卫生。

我们不能忽略的一点是，该时代的村落建立考虑到了舟行便利。不只是池上遗迹，离大山古坟不远的四池遗迹（堺市）离海岸很近，跟瓜生堂遗迹位于河内湖周边类似，安满遗迹（高槻市）也建在河边。到了弥生中期和后期，除了平地村落外，还出现了位于丘陵或山上的高地性村落。这些村落盛行的时代在中国史书中被记录为“倭国大乱”。当时日本国内政治形势紧张，才会产生如此特异的村落，人们可以行舟至平地村落，村落本身也有便于行舟的设计。那情景就好像今天中国的江南一带，大大小小的沟渠（运河）网状连接了水田和村庄，可作为弥生文化远方故乡的想象参考。

在研究弥生村落的过程中，我们认为，既然可以动员这么多劳动力挖掘壕沟，可见当时社会也有能力建造规模庞大的古坟。在古坟周围挖掘壕沟的构想，也许并非来自中国或朝鲜半岛的传统，似乎可认定是建造巨大古坟的大阪和奈良等地弥生时代村落的创举。建造巨大古坟十分需要保持坟丘台面水平的技术，弥生时代的人们有挖掘环壕的经验，早已得知同一水平面的水平相同原则了。换句话说，弥生时代的大阪已经具备建造巨大古坟的各种基本技术了。

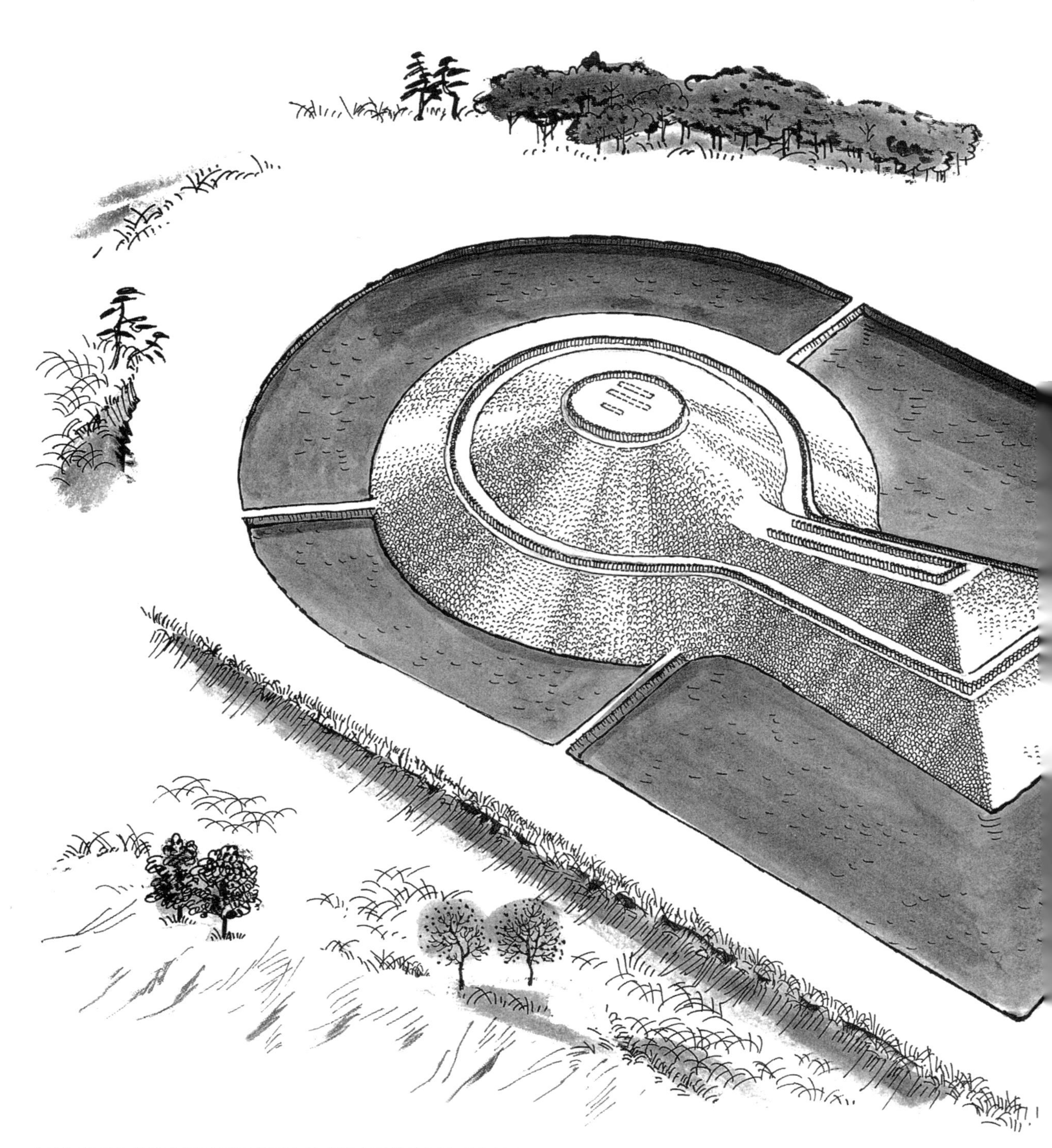

古坟时代的和泉黄金冢（后圆部顶上的虚线表示棺椁摆放的位置）

古坟时代出现了前方后圆坟

弥生时代的高地性村落消失后，该地区进入了古坟时代。古坟时代之前，人们只是将死者葬于地下，从 4 世纪开始才有在地面堆积土石制造古坟来埋葬死者的风俗。

所谓的高地性村落，其实是一种战争时用来避难的山城式设施，因此高地性村落的式微意味着倭国大乱已然平息。不久各地开始集结以大小豪族为中心的小国，彼此相互尊重，政治秩序趋于稳定。于是各地开始积极建造前方后圆坟，地点就在以前高地性村落的所在地或是附近，除了人们喜欢被埋葬在俯瞰平地村落的地方外，这似乎也是为了将高地性村落的旧址神圣化。

我们实地探访遗迹观察到以下的形式。从堺市到和泉市，平地的大村落有四池和池上两大遗迹，与之相对应的高地性村落遗迹则有惣之池和观音寺山，同时还有和泉黄金冢和摩汤山古坟等古坟时代前期的前方后圆坟（见 11 页地图）。由此可见弥生时代兴起的地域单位，到了古坟时代被直接传承了下来。

和泉黄金冢的坟丘长 85 米、后圆部高 8 米，比起巨大古坟只能算是小型的，但仍然比弥生时代任何一座古坟都大很多。通过昭和二十六年（1951）进行的挖掘工作，我们得以一窥坟冢的全貌。坟丘的斜面砌满了石块（见 62 页）。然后围上一圈圆筒埴轮[1]（见 65 页），最后在后圆部上方放置屋形埴轮。

作为埋葬设施的后圆部上面并列着三具棺木（日本金松制），中央的棺木乃长达 8.5 米的大型剖竹形棺木（有箱盖之棺椁），外面包覆着厚厚一层的黏土。陪葬品有甲胄（盔甲和头盔）、盾牌、刀剑等武器，翡翠的勾玉、碧玉（石英的一种，呈现绿色或红色，岛根县产的又叫出云石）的管玉（细圆筒形的玉）、铜镜等物品。从这些陪葬品的组合来判断，东棺的埋葬者大概从事行政、外交、军事和生产等范围广泛的工作。相对地，中央棺里的女性（？）掌管祭祀，西棺的埋葬者主要跟军事有关。

1　埴轮为日本古坟时代特有的素烧陶器，竖立在古坟上，分为圆筒埴轮和形象埴轮两大类。

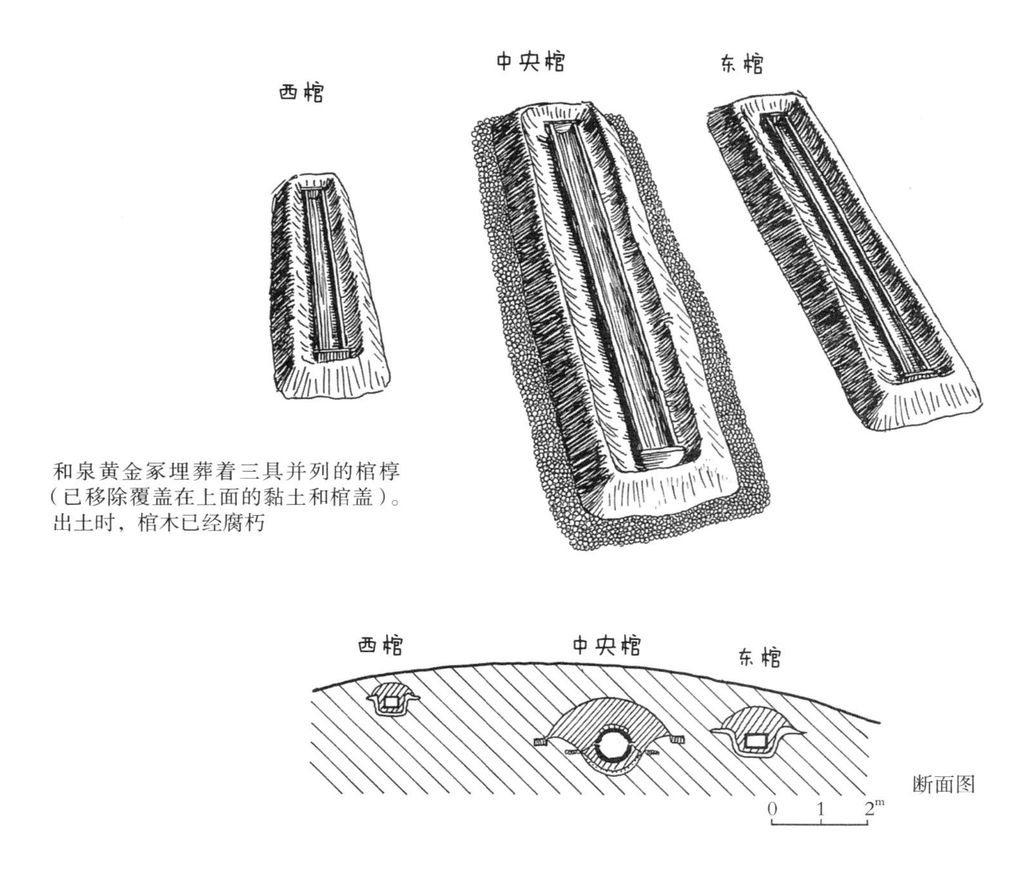

和泉黄金冢埋葬着三具并列的棺椁（已移除覆盖在上面的黏土和棺盖）。出土时，棺木已经腐朽

和泉黄金冢中最受瞩目的，是所有棺木中都放置有神兽镜。尤其是中央棺陪葬的神兽镜铸有以中国曹魏年号景初三年（239）开头的铭文。根据最新的研究，这些铸有中国年号的神兽镜很有可能是在日本制造的。所谓的神兽镜，流行于中国长江流域以南的江南地区，再缩小点范围是在沿海的越地，是基于新的信仰制作的铜镜。当地人坚信人类可以长生不老，因而将理想的神仙世界用圆形的图文表现在神兽镜上。这种新的信仰发展到4世纪便成为道教体系的滥觞。

一如我们在和泉黄金冢看到的，遗体被放置在巨大而坚固的棺椁中，外面包覆着厚厚一层的黏土。这种重视遗体的做法正是道教的基本思想。除了神兽镜，和泉黄金冢里还陪葬了中国的铜钱、流行于朝鲜半岛新罗的大颗水晶玉，可见当时人们已经和大陆有直接或间接的接触。和泉黄金冢让我们了解了大山古坟前一阶段古坟的情况，它也是日本前期古坟中数据最完整的重要实例。

和泉黄金冢位于信太山丘陵的西端，其所在地以及向东延伸的整个丘陵一带统称为泉北丘陵。事实上，到了5世纪这个丘陵地带成为日本

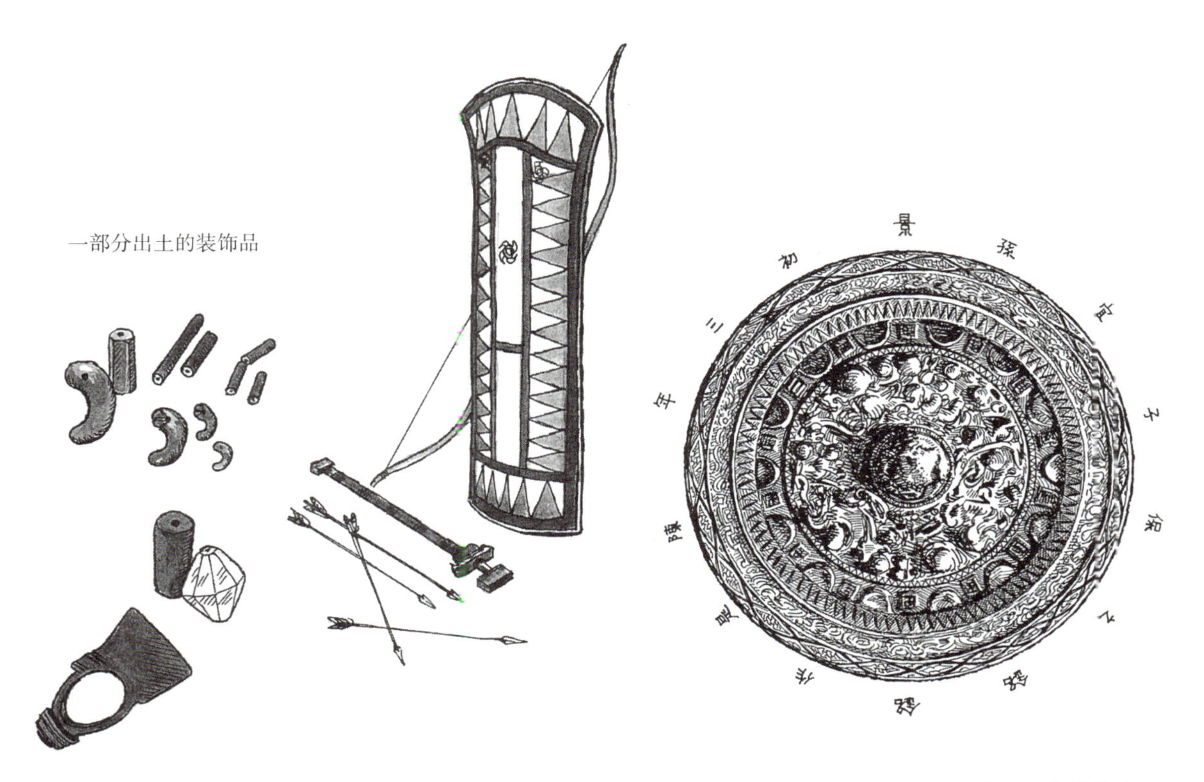

一部分出土的装饰品

盾牌、铁剑等武器陪葬品

中央棺的棺外出土了铸有景初三年铭文的神兽镜

列岛最早且大规模生产须惠器（受到中国大陆影响的陶质土器）的地区，这里生产的陶质土器取代了原先的土师器（从弥生式土器传承下来的红土烧土器），因而被称为大阪府南部窑址群。须惠器似乎不只受到朝鲜半岛的影响，还深受中国越地的影响，包含前面提到的神兽镜在内，显示了该地区和中国江南的关系密切。

和泉黄金冢的受葬者，推测是在泉北丘陵开始生产须惠器的时候，或是在那之前不久统治该地区的人物。除了其个人的身份地位之外，我们也不可忽略泉北丘陵地带生产须惠器的历史背景，这是日本烧陶史上划时代的一页，它促成了该地区建造巨大古坟的先进表现。

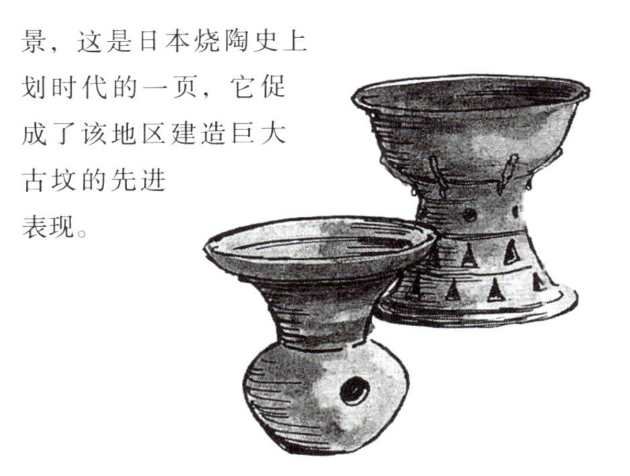

须惠器开始于泉北丘陵大量生产

中国和倭国的交流

在河内平原由弥生时代进入古坟时代的同时，东亚地区还有哪些国家兴盛衰亡呢？且让我们一同回溯稍早的时代吧。

提到中国，它总给人始终都是统一国家的印象。其实中国也有过战国时代，土地分裂成许多国家，混乱的局势后来由七国之一的秦加以收拾。秦始皇建立统一国家是在公元前 221 年。秦朝是个短命的朝代，其领土和许多的典章制度后来都被汉朝继承，历史上将它们统称为秦汉时代。

汉朝始于刘邦降伏项羽，登基皇位的公元前 202 年，亡于公元 220 年，国祚共 422 年，在中国历史上算是立国悠久的朝代。1 世纪初期，王莽的新王朝曾短暂灭了汉朝，使得汉朝从此分为前汉（西汉，国都长安）、后汉（东汉，国都洛阳）。而日本的弥生时代几乎和汉朝是同一时期。

关于两汉与倭人社会的关系，记载于《汉书》和《后汉书》中。由当时的中国传到日本列岛的文物，有福冈市志贺岛出土的金印（汉委奴国王印）和瓮棺（特制的大瓮陶棺）等古墓出土的约 100 面铜镜。不过其中大半都陪葬于福冈县、佐贺县等北九州岛的弥生时代古墓中，当时北九州岛以东的地区似乎没有直接受到来自中国的影响。倒是河内平原的几处弥生遗迹中出土了新莽铸造的货泉铜钱，由此可见，当时河内湖周边的商业活动十分兴盛。

倭国大乱时期，中国东汉也将近尾声，皇帝已无统治能力，国家实质已呈分裂状态。当时社会在新的信仰背景下发生动乱（如黄巾之乱等），平定动乱的曹操掌握政权奠立了魏王朝的基础。同一时期的吴、蜀也各自据地独立，形成所谓的三国时代。众所周知的《倭人传》首次提及当时倭人社会的卑弥呼[1]之名，而《倭人传》是该时代正史《三国志》的《魏志・东夷传》的一节。

曹魏之后，西晋统一国土，但此时中国北方和西方的游牧民族开始活跃，尤其是有“五胡”之称的匈奴、鲜卑、羯、氐、羌。进入 4 世纪，匈奴占领了西晋首都洛阳，晋室南迁到过去的吴地，是为东晋王朝。

就这样五胡相继在北方种植黍麦的地区（华北）建国，统称为五胡十六国，最后由鲜卑族统一华北建立北魏（北朝）。另一方面，在长江流域的华中，东晋灭亡，宋（南朝）起而代之，开始了南北朝的时代。

值得一提的是，日本的古坟时代开始于西晋，结束在隋唐之交，大约正是中国南北分裂，也就是南北朝对立期间。虽然五胡十六国、北魏和后来的北朝各国在正史上和日本没有什么外交关系，但它们对日本的古坟、遗物具有深刻影响却是毋庸置疑的。

教科书上强调南北朝对立期间，倭国国王在 5 世纪时曾数度派遣使者前往南朝宋国，即所谓的倭五王遣使。的确，这与《宋书》记载的外交关系是一致的，但我们仍须对日本古坟和地下文物是否深受南朝文化影响予以冷静的探讨，为此自然少不了运用考古学。

---

1 古代日本邪马台国的女王。

日本建造巨大古坟时期的东亚

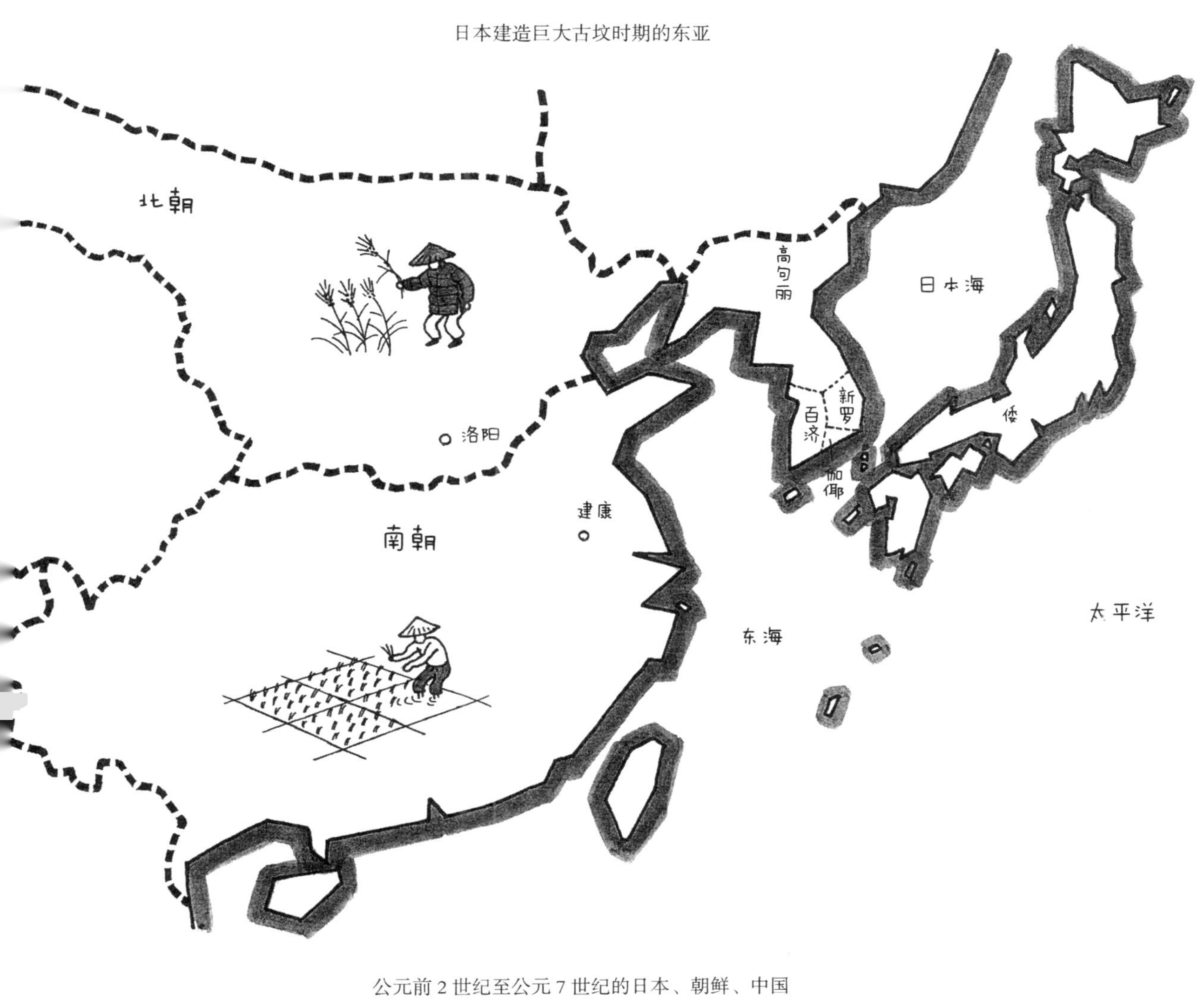

公元前 2 世纪至公元 7 世纪的日本、朝鲜、中国

世纪	7	6	5	4	3	2	1	1	2
年	600	500	400	300	200	100	AD1 1BC	前 100	前 200
日本	飞鸟时代	古坟时代			弥生时代				
朝鲜		伽倻			弁韩				
		新罗			辰韩				
		百济			马韩				
		高句丽			带方	乐浪			
					高句丽				
中国	唐	隋 北齐 东魏 北周 西魏	北魏（北朝）	十六国 五胡	西晋 魏 蜀 吴	后汉	新	前汉	秦
		陈 梁	齐 宋（南朝）	东晋					

东亚的大古坟

若以分裂时代和统一时代来看中国，大型古坟常见于秦、西汉、东汉、唐等统一国家的时代，这相当有趣。当然这种规律并不适用于日本的古坟时代。

中国最早的大古坟是秦始皇陵。这座巨大的方坟位于双重城墙围起来的陵园之中，是模仿当时的都市构造而建的。近年在外围的兵马俑坑中挖出许多实体大小的陶烧士兵和马匹。西汉武帝的茂陵承袭了这种规模庞大的方坟传统，周遭有几座陪坟（附属于大古坟的皇族、功臣、将军的古坟）。征战匈奴有功的霍去病将军的陪坟旁边，竖立着石马、石虎等石刻。相对于秦始皇陵的陪葬俑（陶烧人偶）埋于地下，霍去病将军的石刻是排列在地面上的。

东汉也建造了大型的方坟和圆坟，例如赐予倭奴国王金印的光武帝陵就是大圆坟。不过这些方坟和圆坟周遭既没有挖掘壕沟，表面也没有砌上石块。中国陵墓将死者埋葬于坟丘底下的深处，这是它和日本古坟最大的不同。

到了曹魏，薄葬开始流行，过去的厚葬之礼式微。所谓厚葬，乃是构筑高大的坟丘，企图建造明显的人工标志物，宣告这是何方人物的坟墓。而薄葬是只打造地下墓室，地面不设坟丘也不立石碑，经过一段时间，地面草长高了，也就不知道墓穴曾经埋有何人，这是当时人们偏好的做法。这种薄葬主义流行于曹魏到西晋，并随着晋室南迁扩展到华中一带以及江南地区，以至整个南朝都没有建过古坟。

秦始皇

另一方面，在华北，虽然东汉末期已停止营造大型古坟，但随着北魏南下，人们又开始在大同、洛阳等地兴建大型方坟和圆坟。就这样 5 世纪的北魏和日本的古坟时代一起留下了巨大古坟。对于原本居住在华北地区的人来说，北魏是征服者，是来自远方的游牧骑马民族，这或可佐证江上波夫先生主张的“骑马民族征服王朝说”（古坟时代东北亚的骑马民族南下，在日本建立王朝的学说）。同时，北魏还在大同建造云冈、在洛阳建造龙门石窟等寺院的大型土木工程。

这个时期的朝鲜半岛分裂为高句丽、百济、新罗三国和伽倻，它们各自留下了独特的古坟，尤其以高句丽堆积石块而成的方坟（又称“积石冢”）和新罗的双圆坟（两座圆坟合在一起的古坟）最具特色。不过朝鲜半岛没有像日本那样的巨大古坟，位于新罗国都庆州的两座长达 110 米的双圆坟算是最大的。为什么只有这两座规模特别大呢？这不禁令人联想到河内也有两座超大型的古坟。高句丽将其精心建造的积石大古坟称为“石筑坟”，他们建造广开土王（好太王，374—412）候补陵墓的太王陵、将军冢的时期，似乎正是建造最大规模古坟的极盛期。

比较和日本古坟时代同一时期的东亚国家，一如前述中国只有 5 世纪的北魏建造了大古坟，南朝则没有发现大古坟；而朝鲜半岛在北魏时代前后，高句丽和新罗都曾经有一个时期兴建了最大规模的古坟。这些都可作为了解大山古坟、誉田山古坟等日本巨大古坟之参考。

从北侧眺望秦始皇陵

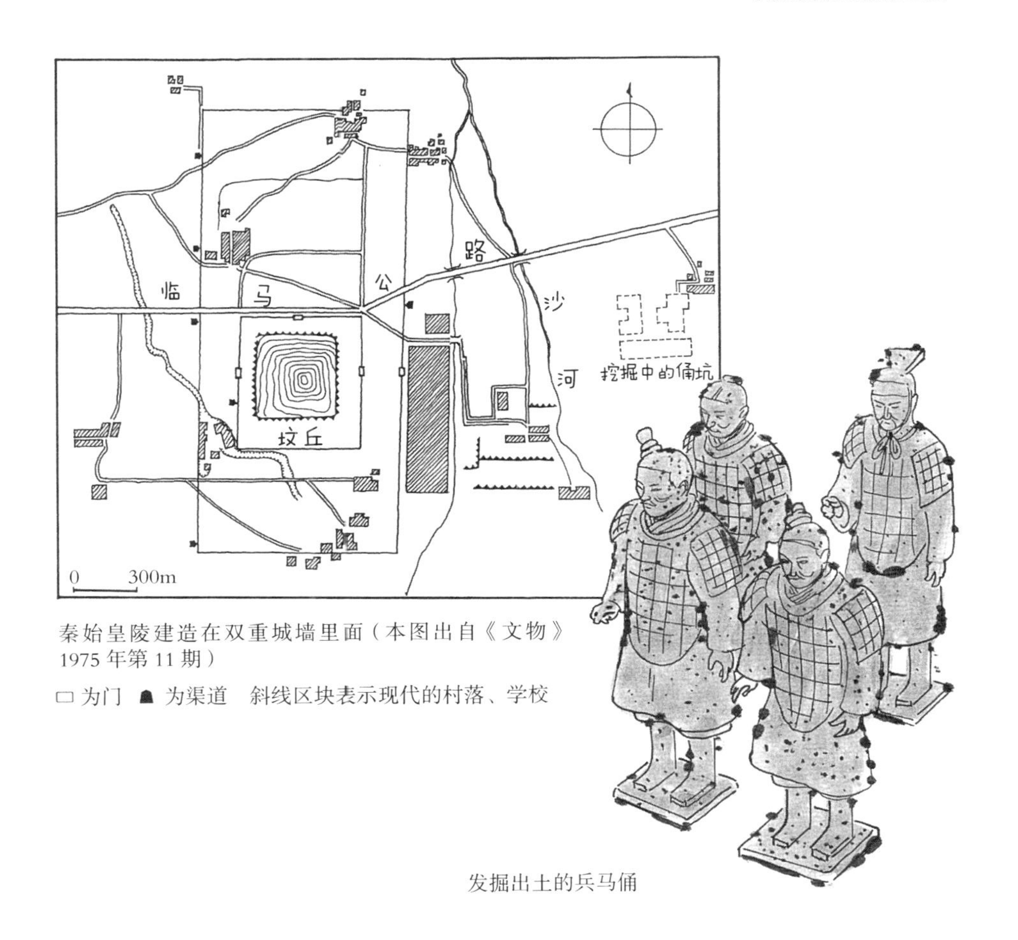

秦始皇陵建造在双重城墙里面（本图出自《文物》1975 年第 11 期）

□ 为门 ☗ 为渠道 斜线区块表示现代的村落、学校

发掘出土的兵马俑

探索古代堺港的样貌

我们再把焦点转回日本的古坟时代。前面提到此时代的日本政治比较安定，但是各据一方的豪族开始依附邻近的强国，形成更强大的势力。在畿内地区出现了一方势力雄厚的豪族，其领袖在治理河内湖周边水患时发挥了领导能力，拥有了成为大王的实力。

到了古坟时代中期，河内地区开始流行兴建巨大的前方后圆坟。不久，大王计划在百舌鸟野

的台地上营造大山古坟。这片台地的下方就是当时的堺港。一如中世商业贸易兴盛的时期，此时的堺港也很繁荣，只是其形状和现代港口十分不一样，南北狭长的水路上到处可停泊船只。水路和海洋之间则是沙堆（见 25 页）。所谓沙堆是指海流、波浪将沙砾等冲刷堆积在岸边而成的细长沙洲，上面有因风力堆积而成的沙丘。

就像我们在日本海沿岸的十二町潟（富山县冰见市）、邑知潟（石川县羽咋市）见到的一样，海岸沙堆和稍远处的丘陵、山地之间形成了潟湖，只要贯穿沙堆就能在潟湖和海洋之间制造通路，建造一个理想的港口。笔者将这种港口称为潟湖港。古代日本海沿岸到处可见这种潟湖港，人们以此为据点创造出繁荣的古代文化。但是潟湖港有容易堆积泥沙的缺点，当地人必须通力合作，清除淤塞水道的泥沙，否则潟湖港就会失去作用，变成今日海边常见的湿地或湖泊。

古代的堺港就是这样的一个潟湖港。

笔者之所以知道这些，完全拜近十年不断挖掘和研究得出的考古学成果所赐。最近的考古学不仅研究原始时代和古代，也很积极地挖掘中世和近世的文物，确认文献上有无记录，试图补足文献的不完整，也因此发现了许多有关古代的资料。

我们一向对中世的自由都市堺市拥有这样的印象：它是一个四方有壕沟环绕，南北长 3 千米、东西宽 1 千米的大型环壕都市。其街道形态几乎被完整保存下来，现在仍能探知当时的轮廓。根据近年的考古发掘工作，已能明确得知其中世以前的地形。

根据这些考古发掘的成果，中世的堺肇基于宽约 1 千米的沙堆上，和东边的台地（上有百舌鸟古坟群）隔着一个最宽处达 500 米的潟湖。现在这片土地上已高楼林立，一眼望去地势平坦，但昔日环壕之中最长的东段壕沟，正是利用这个潟湖建成的。

因此，我们推论古坟时代的堺港应该是设在该潟湖附近。随着沙堆逐渐往西边的海洋扩展，港口的位置也跟着慢慢西移。于是后世的堺港将原本市区肇基所在的沙堆整个含括起来。换个方式形容，其都市形态就像是经由喉咙通到体内的胃袋一样。如今堺港的样貌已有所改变，而在笔者童年时代还能看出胃袋的形状。

关于古坟时代堺港通过潟湖与海洋相通的方式，笔者认为有以下的可能性。可能性之一是在后来成为堺市市区的沙堆上挖出确保通往海洋的水路。另外的可能性则是南北狭长的潟湖中央原本就有通往海洋的出口，其位置在江户时代（宝永元年，1704 年）开凿的大和川河口往上游约 3 千米处，那里原本就是洼地。笔者认为该洼地可能就是古代由潟湖通往海洋的出口。

如此一来，就能借由细长的水路连接大和川的北边和南边的潟湖。大和川北边的榎津、南边的浅香（鹿）等港口，都曾经位于潟湖附近，在《万叶集》中，这些地名前都有“住吉”二字，这一事实增加了《日本书纪》等古籍中出现的“住吉津”可能是堺港一带潟湖之统称的可能性。此外，该地区有供奉住吉神的传统，神祇必须要在能够看见往来船只的地点上坐镇，该地也因此被称为“大津的渟中仓之长峡”。把这里的长峡解释为狭长形的样貌，和南北细长的潟湖边上停泊许多船只的情景十分相符，所以该地区才会被称为住吉津或大津。

由以上可知，在建造大山古坟的时代，堺地已经拥有不错的潟湖港。能够建造这种构造的港口，推测应该是利用了日本海沿岸地区的人们长年累积的智慧和技术。

住吉神
住
吉
津
沙
堆
槙津
浅香
堺港
有环壕都市
中世时上面建
江户时代利用
洼地引自大和
川的水路
大津道（长尾街道）
百
舌
鸟
野
从丹比道前往
港口的道路
这里建有
大山古坟
石
津
川
←挖掘水流向西的水路

为了维护堺港而改变河水流向

其实在建造大山古坟之前不久，还有一件跟堺港有关的土木工程。那是一个企图改变水流方向的大工程。为了便于了解，请参照近畿地区的地图。

沿着大阪湾往和歌山的方向南下，这一带的海岸线很长却没有大型河川。流经大阪市和堺市边境的大和川虽然河面宽广、水量丰富，却是 18 世纪新挖凿的河川。和泉地区缺少河川，因此当地和南河内等地一样盛行开凿蓄水池，用以灌溉水田。

可是当我们查阅地图时，看到一条流经许多须惠器陶窑遗迹的泉北丘陵北侧的河川，那是石津川。河水到百舌鸟古坟群的西南方便开始蛇行向北而去，到了乳冈古坟又转向西，几乎呈直线状流进大阪湾。

昭和二十八年（1953），因为豪雨成灾，人们对石津川这段直线部分进行了整治，将河道向北扩展。尽管这一时期弥生式土器、土师器、古式须惠器等纷纷出土，当时参与调查的笔者还是对于弥生时代开始在此繁荣的村落，到了古坟时代中期突然衰退的现象感到不可思议。

这个疑问在笔者深入了解河内湖之后的变迁、潟湖港等相关知识后，突然间如同云破天晴般豁然开朗。人们为了某种理由在乳冈古坟一带实施了大工程，让原本朝向西北方向的石津川河道，改为向西流。当时凿建了连接海岸 1.5 千米长的水道，这也导致前面提到的村落的没落。

凿通水道是为了提升名为住吉津的堺港的作用，使之得以延续存留。换句话说，为了避免石津川带来的泥沙使得港口附近的海水变浅或是让沙堆继续扩大，只好想办法让石津川的出海口尽可能离堺港远一些。

现今石津川的泥沙量不多，但在修改河道的当时，上游地区已开始生产须惠器，砍伐森林作为燃料，有可能发生暂时性的大量泥石流现象。石津川进行河道工程的时间，大约是在 5 世纪。一般人似乎以为该地区只兴造过大山古坟，其实在建造古坟前后（应该是之前），这里也曾进行建造堺港、修改石津川河道等大工程。

至于石津川原来的出海口，有人认为是在目前位置的北方 600 米处，也有人认为应该更加偏北才对。

连接堺港和国府的大道

前往住吉津的堺港，有一条东西走向的直线道路，叫作“大津道”（长尾街道）。所谓的津，就是港口。用大来形容，可说是和这条道路相得益彰。前面提过住吉津因为南北细长而被称为长峡，所以长尾街道应该是因为长峡而得名。

这条路上居住着来自百济的外来集团津氏和船氏。想来他们应该是负责大津道的管理、物资运送或是在河内湖、大阪湾从事水运工作吧。

大津道的南方还有一条与之平行的东西走向道路，叫作“丹比道”（竹内街道）。除了少数地方有些差异，两条路几乎一直维持 1.9 千米的间隔，可见这两条道路是规划好的。

仔细看可以发觉这两条道路刚好都和古市古坟群、百舌鸟古坟群相连。换个角度来说，两个古坟群的北边都与长尾街道相连。根据我们在这两个古坟群所见，不禁揣测人们当初是否预定在这里建成东西宽约 14 千米、南北长约 3.7 千米的长方形墓园。墓园里面营造了一些古坟，但在某个时点被叫停，以致今天中央部分没有古坟。

笔者在战时和战后经常走这两条古道，在幼小的心灵中只觉得这两条不断延伸的直线道路绝非普通道路，压根没有料到其历史居然可以追溯至古坟时代。确知此一事实要到许多年以后了。

昭和四十九年（1974），岸俊男教授（日本古代史学者）发表了论文《古道的历史》。文中提到河内古道，他认为长尾街道古名是大津道，竹内街道古名是丹比道。

受到这篇论文的影响，从两个古坟群和这两条古道的位置关系来看，笔者开始认为这些古道（尤其是长尾街道）的原型应该可以追溯至古坟时代中期。原为长尾街道西端终点的堺港，在 6 世纪下半叶开始衰退并遭放弃，不再是一个大港口，连接的道路（也就是长尾街道）自然也到了功成身退的时期。

话说回来，东西长达 11 千米的直线道路，可说是日本先人雕刻在大地上的伟大遗产。

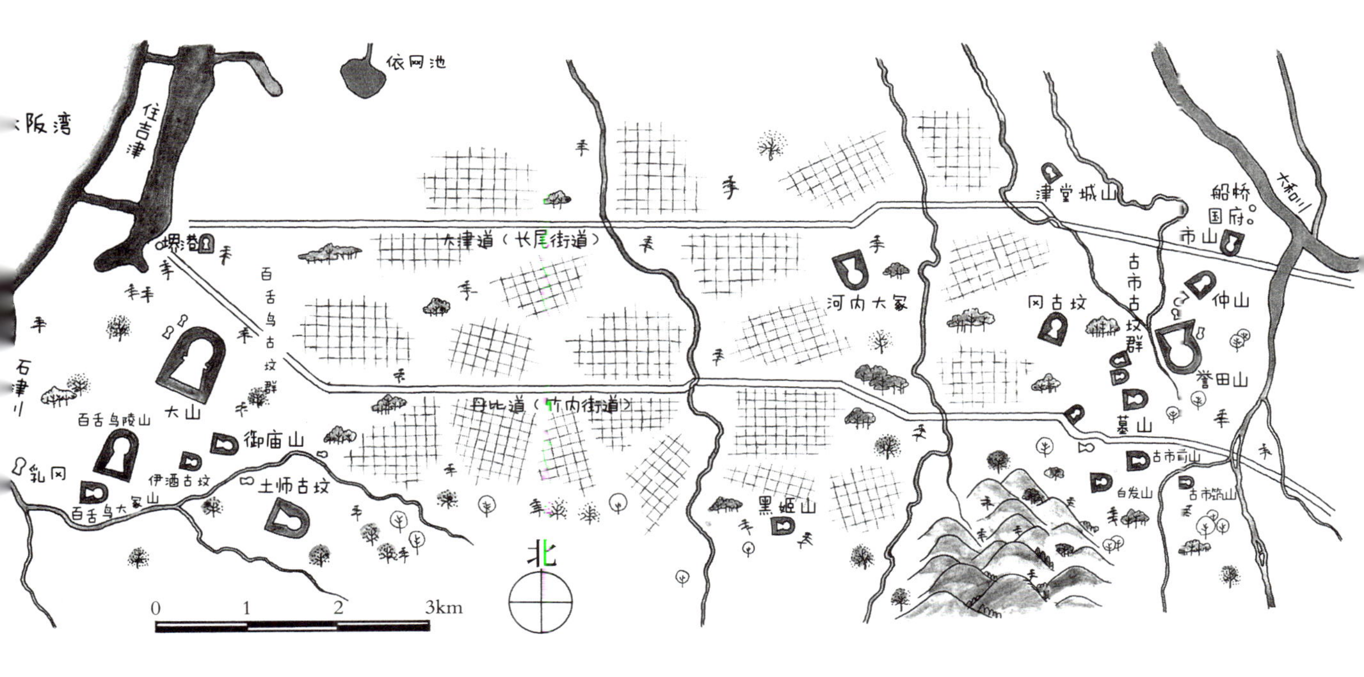

因水陆辐辏而繁荣的国府

在古人的意识中，通往堺港的干线道路肯定是前所未有的大道吧。我们已经知道这条大道的西端终点是堺港，那么它的东端又是怎样的地方？它和堺港联络又是基于什么样的需要呢？

那里被称为国府遗迹，在律令时代为河内国的国府。以今天的说法，就是省政府的所在地。早从远古的旧石器时代起，河内地区就是一片安定繁荣的土地。

奈良盆地内的多数河川都汇流至大和川，穿越生驹山地和二上山之间的狭小洼地来到广大的河内平原，国府就位于大和川和来自南河内深处的石川的交汇处。在河内湾（湖）还很辽阔的时期，大和川可直接北上注入湾（湖），然后再经由前面提过的狭小出海口流入大阪湾。换句话说，国府正位于交通要地。

旧石器时代，国府因为二上山出产的赞岐石［一种火成岩，别名当当石（カンカン石）］的交易而繁荣。到了绳纹时代，还有和中国江南等地交流的迹象。

弥生时代以后，国府的聚落从之前的台地北端迁往更北方的低地，也就是河川的交汇处旁。到了古坟时代，他们在台地上建造市山古坟墓地。考古学上将18世纪因为大和川改道而遭掩埋的遗迹称为船桥遗迹，船桥遗迹和国府遗迹连在一起的可能性很大。

船桥遗迹在江户时代是将大阪的船货物资改由小船运送至大和的中转港口。想来它在水运上扮演的角色可以追溯到古代吧。国府和船桥都在陆地和河川交通的要地，就地形和重要性而言，与奈良盆地上推定是雄略天皇[1]朝仓宫所在地的樱井市有共通之处。另有一说，认为《古事记》和《日本书纪》中提到的交易之地饵香市与船桥一带是重叠的。

国府和船桥在各个时代都受到瞩目，换句话说，是据点式的聚落。由此我们不难得知为什么大津道会成为从堺港通往国府的干道。

国府位于连接大和与河内的重要地点，人们可以从那里经水路由河内湖出大阪湾，但他们还是另外建设了向西的直线道路，并且直接在大阪湾设置出海口。其理由和目的何在呢？

前面已经说过，我们不能忘了这个时代上町台地的北方沙洲泛滥，这使得大阪湾的出海口日益狭窄，影响了水上交通。这可能是修大津道的原因之一，但最重要的理由应该是濑户内和北九州岛等地和朝鲜半岛、中国的关系越来越密切。

当时的政权若是在河内就该称为河内王朝或河内政权，若是在大和就该称为大和政权，仅凭大津道是无法判断政权归属问题的。笔者个人认为，国府利用远在西边的潟湖建设堺港，确保了直接的出海口，这件事成为大山古坟营造的开端。

1　日本第二十一代天皇，在位时间为456年至479年。

决定营造大山古坟

当时日本流行在海岸边或河川、湖泊附近，尤其是可以俯瞰港口的位置建造前方后圆坟。

例如百舌鸟古坟群之中，有比大山古坟更早，但以相同目的建造的前方后圆坟——乳冈古坟。一如前述，该古坟位于现在的石津川河口上溯约 1.5 千米的地方，当时这附近应该是石津港所在地。古代良港大多设在潟湖入口或是河川出海口稍微靠上游一些的地方。乳冈古坟目前只剩下后圆部，暴露的石棺里出土了锹形石（模仿南岛贝壳手镯的玉制品）、石钏（模仿贝壳手镯的环状手镯或手镯形贵重物品）等古坟时代前期的贵重遗物，人们由此判断百舌鸟古坟群的形成应该始于古坟时代前期之末。

本书前言提及，大阪湾沿岸的五色冢、处女冢等很明显是为了便于从船上眺望而建造的。此外，如果复原上町台地东方的御胜山古坟（大阪市）的地形，就能发现其处于俯瞰河内湖向西流进大阪湾的猪甘津港口的位置。柏原市的松岳山古坟，也在俯视石川和大和川汇流点的名胜之地。这些古坟的共同点是建于古坟时代前期之末，也就是 4 世纪末到 5 世纪初，人们意识到海、湖、河川的位置而广建前方后圆坟。

如此说来，在能俯瞰当时畿内首屈一指的港口——住吉津的位置营造大山古坟，是再自然不过的一件事了。这座规模庞大的前方后圆坟的确和住吉津很相配。想来在设计和营造等方面，人们肯定也参考了当时已经存在的前方后圆坟。

五色冢、处女冢的坟丘长轴（贯穿前方部和后圆部的中心线）和海岸线垂直，减弱了坟丘给人的巨大印象。因此大山古坟将坟丘长轴改为与海岸线平行，人们从海上眺望过来会觉得坟丘十分庞大。

中世所建的街道、壕沟为南北向，和大山古坟的长轴方向一致，原因也在此。换句话说，假如都市要建立在南北向延伸的沙堆上，其街道、壕沟的方向自然会规划为南北向，这就和大山古坟的方向一致了。

选择适合进行土木工程的土地

要建造像大山古坟这样的巨大坟丘，土地的选择（占地）必须极其慎重。关于这一点，当时的人可以参考另一座巨大古坟，也就是先行建成的誉田山古坟。誉田山古坟跟大山古坟一样，选在靠近港口的要冲之地——国府所能看到之处。

其实和古市山古坟群的其他大型古坟相比，誉田山古坟的地点选得很不好。据立命馆大学地理学部教授日下雅义的研究显示，誉田山古坟横跨土质良好的段丘（隆起土地没有被切断的原始地形面）和不稳定的泛滥平原（只要下异常大雨就会被洪水淹没的土地）的不同土质上。或许是土质稳定的地方都已建造了其他古坟，誉田山古坟才会选择条件如此不良的地点。

正因如此，誉田山古坟在建好后不久就出现了坟丘裂缝、移位等问题，让管理古坟的人煞费苦心。当时的人们对于硬土、软土的认识要比现代人来得深，誉田山古坟的失败经验肯定在大山古坟选址时发挥了作用。

大山古坟的土地俗称为台地，地理学上称为段丘，属于砾石较多的地层。底下是堆积着所谓大阪层群的硬质沉泥（silt，从前沉于水面下的堆积泥沙）层，露于地表各处。这种土地不好挖掘，却是进行土木工程的理想土地。

就笔者的经验，黏土层固然容易挖掘，但若是在黏土层上建造大型坟丘，周围的土地会因为坟丘的重量而隆起。大山古坟的坟丘也有许多毁损，但是如此巨大的古坟千百年来只有部分损伤，它能继续维持原样，完全是拜土质良好的地点所赐。也就是说古人完全吸取了誉田山古坟的失败经验。

日下教授还根据誉田山古坟盖好后土地产生的地质变化，推算其建造年代应该是在5世纪末到6世纪初。这是很重要的科学数据，但也有人认为其观测地点在坟丘之外，只能推算坟丘外围的修建年代，这个时间不见得就是坟丘营造的年代。

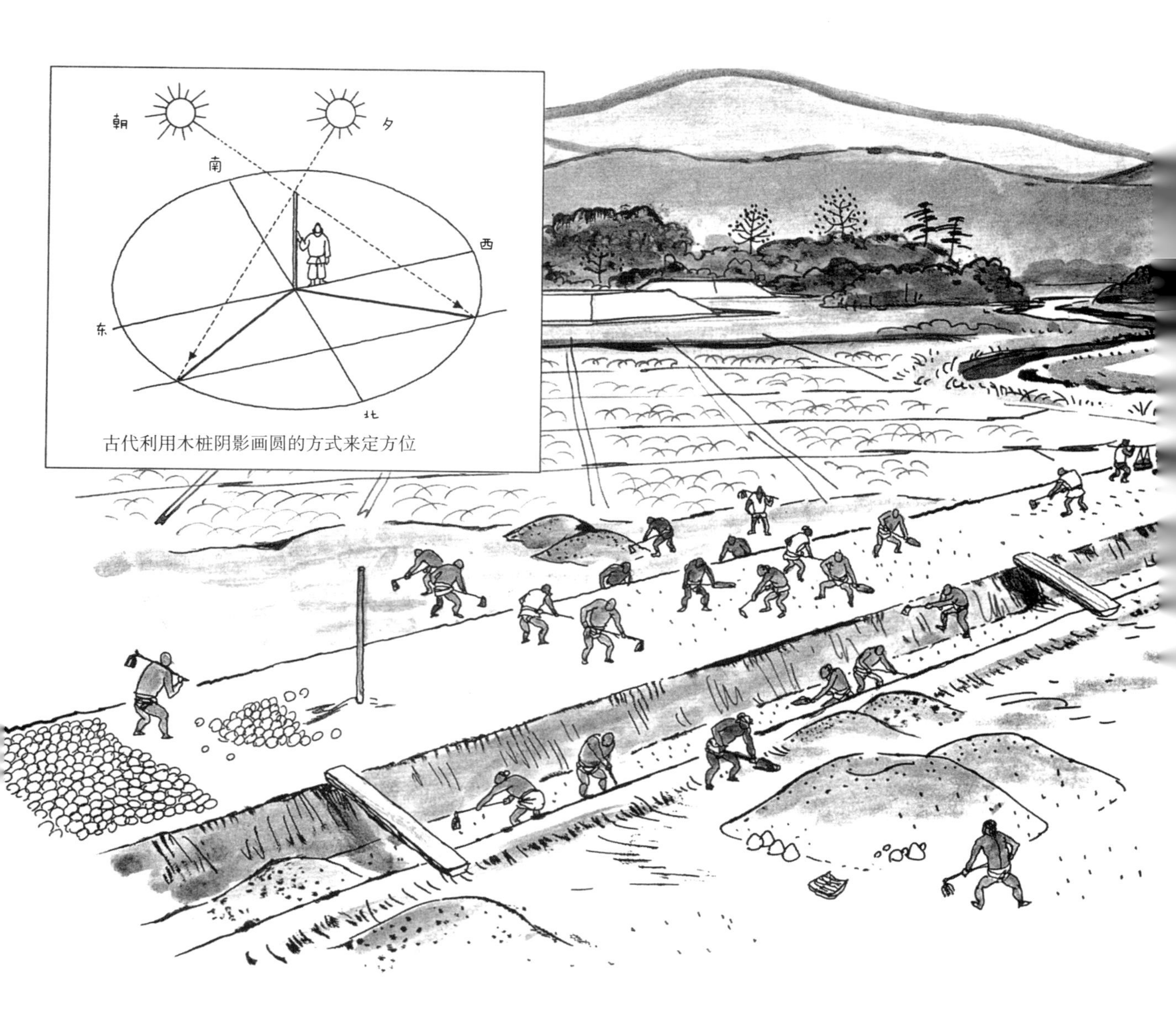

古代利用木桩阴影画圆的方式来定方位

大山古坟和誉田山古坟呈东西直线排列

人们在可以俯瞰堺港的位置选择了土质适合建造巨大古坟的地点。但要确定营造的具体位置，还要取决于一项奇妙的因素。那就是大山古坟必须建造在誉田山古坟正西边，二者要位于一条直线上。

参照本书第 27 页的图就能一目了然。誉田山古坟和大山古坟东西间隔 10.5 千米，纬度几乎是相同的。这并非偶然，只可能是经由测量决定的。那么古人是如何测量的呢？

笔者认为是以大津道为基准来决定大山古坟的位置的。前面提到大津道是一条东西向笔直的道路，人们只要以其为基准，将大山古坟定在南边和誉田山古坟相同距离的位置即可。

可是，在建造大津道时，古人不像现在的我们有磁石等精密器具可以运用，古坟时代要测定正确的东西方位，究竟用的是什么方法呢？笔者推测应该是应用太阳等宇宙天体运行的原理。

以中国为例，古代要设计宫殿或大型陵寝时，人们会采用下列方法：先在基准的地点上竖立垂直的木桩，以木桩为中心在地上画圆。然后根据木桩落在圆周上的阴影，早上一次、晚上一次画出记号。连接这两处记号就能画出正确的东西线。《周礼》中记载木桩的高度为八尺（约 1.76 米）。日本大概也用同样的方法。在古坟时代，定好东西方位后就能定出南北方位，用的就是这种一般性的手法。

另外我们不禁要怀疑，大津道以国府为起点笔直向西边延伸，形成一直线，其尽头就是堺港吗？前面已提到，当时的潟湖港是利用天然的潟湖而建，但是挖凿出海口、掘深水深、重整港口外围等都是庞大的土木工程，因此很有可能是人们配合大津道的位置来建设港口。然而潟湖太浅，并非天然良港，一旦疏于维护，就会降低港口效用。如果笔者的假设是正确的，即堺是古坟时代修建的港口，那意味着堺在中世的繁荣是源于古坟时代港口设计得完善，这真叫我们不得不赞叹历史事件的联系竟如此巧妙！

建造排水沟

一旦决定好营造大山古坟的地点，首先要进行一项大工程，那就是挖掘排水用的沟渠。百舌鸟台地的地下水水位较高，尤其到了雨季，地下会涌出高达 1 米的泉水。即便是现在，大山古坟壕沟里也都还是泉水和雨水。因此若随便挖掘壕沟，那里很快就会变成一片泥淖，让工程难以继续下去。

后面我们会详述的大山古坟内壕（第一壕），水深约 4 米（有一部分甚至达 6 米），可说很深。假设这个深度是从建造古坟时就如此，那地下必须要有 4—6 米深的排水设施。为此，古人利用了台地斜面的一侧山谷。

在现在大山古坟中间腰部西边的第三壕里面有个名叫樋谷的小岛，其正北方有一道向西斜下的深谷。不同于百舌鸟台地等山谷周围都已经被开发了，这里依然保持深山地形。其他山谷的宽度和深度都只有 2 米，樋谷的宽度却达 20 米，深度有 5 米。

樋谷一开始也和其他山谷一样只是个小山谷，因为大山古坟的营建工程才被扩大成排水沟渠。樋谷至今仍发挥着为大山古坟排水的功能，稳稳地留在大地之上。就这一点来看，或许樋谷的存在是大山古坟营造于此地的原因之一。

誉田山古坟的壕沟最深只有约 2.5 米，那是因为其地形上没有方便挖掘排水设施的深沟，当时的人也不具备那种知识。

进行大型工程时，还必须考虑搬运建材的条件。就大山古坟而言，搬运建材既能利用堺港，也能使用石津川及其支流百济川，所以毫无问题。另外，堆积坟丘所需用土的采土场必须在附近，大山古坟用的是段丘的泥土，自然也不成问题。

看来大山古坟的占地进行得很顺利。

探讨设计

人们一边进行现场工程的准备工作，一边探讨大山古坟的基本设计。是要做成跟过去的前方后圆坟一样的形状呢，还是稍微改变一下造型？除了后圆部和前方部的比例，具体的规模（也就是现在所说的几米）也需要负责造墓的土师氏[1]首长不断开会讨论。一旦确定原则，便交给专业的技术团队执行。

技工们首先用泥土做成百分之一的缩小模型，然后加以探讨。当然，模型会由工程业主，也就是下令造墓的大王做最后的检验确认。如果大王因病或战争猝死而需要造墓，就由继任的大王检验确认。

基本设计完成后，人们用黑墨画在布上，用红字标出实际尺寸，制作成设计图。此时日本已经有汉字，一般技工不懂复杂的文学或哲学用语，但多少会使用基本的文字。设计图会交由现场负责指挥的人保管，由于人数众多，因此必须要制作相当的数量才行。

1　日本古代专门从事土木、葬礼工作的豪族。

中国的中山王（战国时代）墓中曾经出土了刻在铜板上的陵墓设计图。在长 94 厘米、宽 48 厘米、厚 1 厘米的铜板上，不只是坟丘，整座陵园都被画成了平面图，并标记了高度，约 400 个字。该铜板并非是在工程现场使用的。铜板一共制作了两片，一片放在大王墓室，另一片由宫廷保管，后者随着中山国的灭亡而逸失了。

大概大山古坟也一样，人们分别制作了工程现场用和非现场用的基本设计图。至于用的材质是木板还是金属板就不得而知了。以当时日本的技术，虽然工人有办法用钉子将小片的铁板或铜板钉成较大的金属板，但恐怕还没有办法做出一整片长达 1 米的金属板。太小的金属板是无法刻上设计图的，所以使用木板的可能性比较大。

建造巨大古坟的人

4 世纪到 6 世纪，也就是日本还未根据都市计划造郡或建造佛教大寺院的时代，很少能见到一块土地上长期聚集许多人，只为一个共同的目的工作。建造古坟是唯一的可能，尤其是巨大古坟。当然战时或挖掘水池、沟渠时也会聚集大量人手，但相比巨大古坟它的建造时间短，战时工人还不一定长期居住在同一个地方。

为了建造古坟而聚集在一起的人，主要可分为两大集团。一是负责基本设计、土地丈量、土质选择等工作的人员，他们必须具备测量、天文、土木技术等多方面的高级知识，可说是头脑集团。这一集团的人数较少。另一个集团是从事搬运泥土等单纯劳动的劳工集团。基本结构由这两大集团组成，但实际上推动工程的进行还需要可靠的事务机构。

事务机构必须为劳工集团提供饮食，随时准备好必要的工具，因此要有修理工具的工人待命，或是确保食物、物资的警备人员等，发挥着看似平凡却又不可或缺的作用。在营造坟丘的同时，工人还必须制作埴轮、备好石棺等，因此必

掌管事务工作的人

技工

负责挖掘、搬运泥土的人

须做好细致的时间管理，必须有专人负责跟远地联络。

听起来也许令人意外，通过建造大型古坟，日本早在 4—6 世纪就已经具备了现代政府机关的先驱性雏形。日本古代史的研究者认为，在律令制的政府机关成立之前，有所谓的官司制。而官司制的一部分就是在这建造巨大古坟的现场中慢慢成形的。

相传发明、制造埴轮的土师氏，其工作不只是管理制造埴轮的工人（土师部），而且跟整个古坟的营造有关，确实属于前文提到的头脑集团。百舌鸟古坟群有土师古坟和奈良时代的土师寺遗迹，另外堺市土师町也有记录土师氏的文献。可见土师氏也参与了大山古坟的建造。此外，我们知道土师氏曾居住在古市古坟群、奈良市西北郊外的佐纪（盾列）古坟群等地，和巨大古坟的营造关系密切。

到了奈良时代末期，尽管土师氏以延续祖先的事业为荣，却也因为这个姓氏给人凶恶的形象而被迫分裂为四支：菅原、秋筱、大歧和毛受。假如没有改姓的话，史上有名的菅原道真[1]应该叫土师道真。他是建造古坟的头脑集团土师氏的后代子孙，受尊为学问之神也是理所当然的事。

制作埴轮

制作石棺等

打造铁铲、锄头等工具

编织竹篮、畚箕

准备木材

1　菅原道真（845—903），日本平安时代的学者、诗人、政治家。

百舌鸟野的样貌

营造大山古坟的组织确立，工程准备也顺利开始后，过去不见人烟的百舌鸟野景况已经完全改变。当时日本列岛人口日趋密集。那么在那之前当地究竟是如何的样貌呢？且让我们一起来探索。

横跨大阪市和堺市交界处的依网（罗）池，一开始并非是为了灌溉的目的而挖凿的，而是跟新罗国都庆州的雁鸭池一样，作为大王招待国内外宾客狩猎渔钓之用。根据《日本书纪》的记载，当时有位来访的百济国王族，按照百济风俗将在

这里抓到的老鹰饲养成猎鹰，这成为日本鹰甘部[1]的滥觞。让我们结合其他记载来想象营造大山古坟前后时期，这里有雉鸡和百舌鸟（伯劳鸟）飞舞、鹿只奔跑的风景。

通常在兴建古坟的时候，如果古坟预定地有树林或是杂草丛生，人们会大肆砍伐，等稍微干枯后放火一烧。因此，后人经常可以在隆起的古坟坟丘下方发现灰烬或是碎炭的堆积层，从而得知那是整地工程的第一步。然而人们观察百舌鸟古坟群中因土木工程遭到破坏的古坟时，并没有在坟丘下方发现灰烬层。真相只能待未来的研究查明，不过人们在流经樋谷的水流周边发现了小村落的遗迹。挖掘面积虽然不大，但有许多土器和木制品等出土。

建造大山古坟之前的百舌鸟野，已经筑有许多巨大古坟，在这原野上，应该还居住着一些参与建造古坟的工人。笔者甚至认为那些人散居在树林之间，当地就像明治、大正时代[2]的武藏野[3]一样。因此，大山古坟预定地的草木几乎没有大规模焚烧的必要，只需要驱散那些小村庄的人即可，有时还可能毁坏既有的古坟，举行镇魂的仪式。

1　饲养、调教老鹰的机构。
2　明治时代为 1868 年至 1912 年，大正时代为 1912 年至 1926 年。
3　东京都和埼玉县之间的台地，因独特的树林风光而知名。

在地面打上凸显平面图的木桩

由于测量工作适合在空气澄明的秋天进行，因此古人或许会选秋分之日作为古坟的正式开工日。我们未发现日本在建造古坟时有大规模祭拜地祇（地镇祭）的迹象，因此大山古坟的地镇祭仪式应该也很简单。

关于墓地的信仰，中国民间认为墓地是人们从掌管土地的神明手中得到的，因此必须将支付土地费用的收据埋进坟墓里。收据可能是石制、金属制的或是陶板，形式不一而足，统称为买地券。日本奈良市宇和奈辺古坟的陪坟中，曾发现埋有货币性质的铁铤（打造成大、中、小尺寸的长方形铁板）约 500 片，或许是受到这种信仰的影响。另外大山古坟东侧陪坟区域的冢回古坟，也曾有当时号称“日本最大翡翠勾玉”的陪葬品出土，也可视为受到该信仰的间接影响。

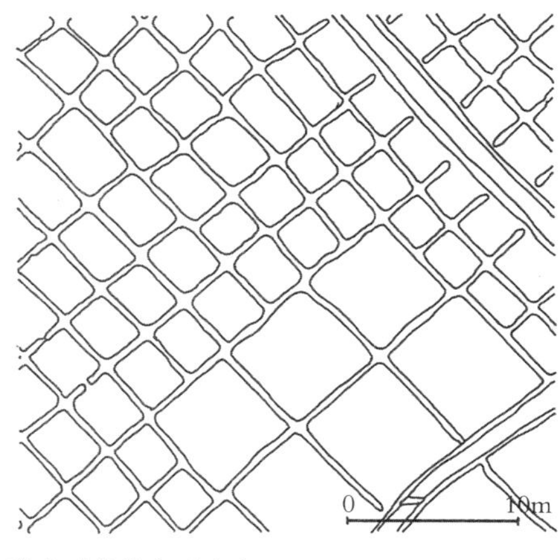

弥生时代的水田遗迹
（静冈县烧津市道场田遗迹）

建造古坟的工程即将启动。人们必须先砍除预定地上的草木，填埋谷状地形，让整个区域变得平坦，然后在地面上描绘出坟丘、土堤、壕沟等的轮廓。绘制工作必须尽可能照设计图上的缩小图形来放大，在地面上打点做记号。

所幸从弥生时代以来日本列岛划分水田的方格割地技术已经很先进了。所谓方格割地，就是将水田切割成棋盘般的方块。包含静冈市的登吕遗迹在内，日本各地已挖掘出不少实例。除了画出坟墓前方后圆形的轮廓，人们还必须在地面上画好棋盘式的方格。看起来这好像是多此一举，却在实际进行工程时有事半功倍之效。划分水田时会拢土为畦（也称畦畔）以为界，这项拢畦的技术也广泛运用在古坟的建造上。人们根据需要加高堆土高度，在古坟壕沟的外侧筑成土堤。因此建造古坟所使用的基本割地法，与其说是来自大陆的技术，更应该被认定为日本列岛始于弥生文化的传统水田划分技术。

要在地面上画出古坟图形，得先打上木桩做出主要标记。这里使用的前端削尖的木桩，从绳纹时代起就广为运用，到了弥生时代已和人们的生活关系密切。打桩时所用的测量工具是长棒和长绳。工人在工地现场拿着直尺测量长度，既费时间也容易看错单位，因此古人会事先在绳子上标出较大尺寸。

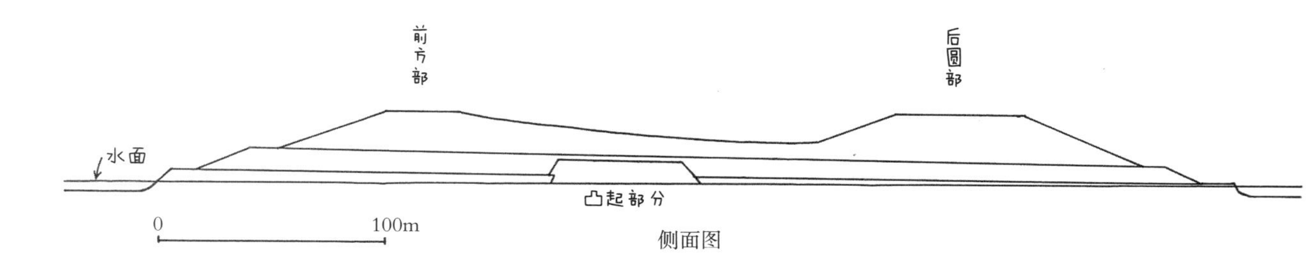

侧面图

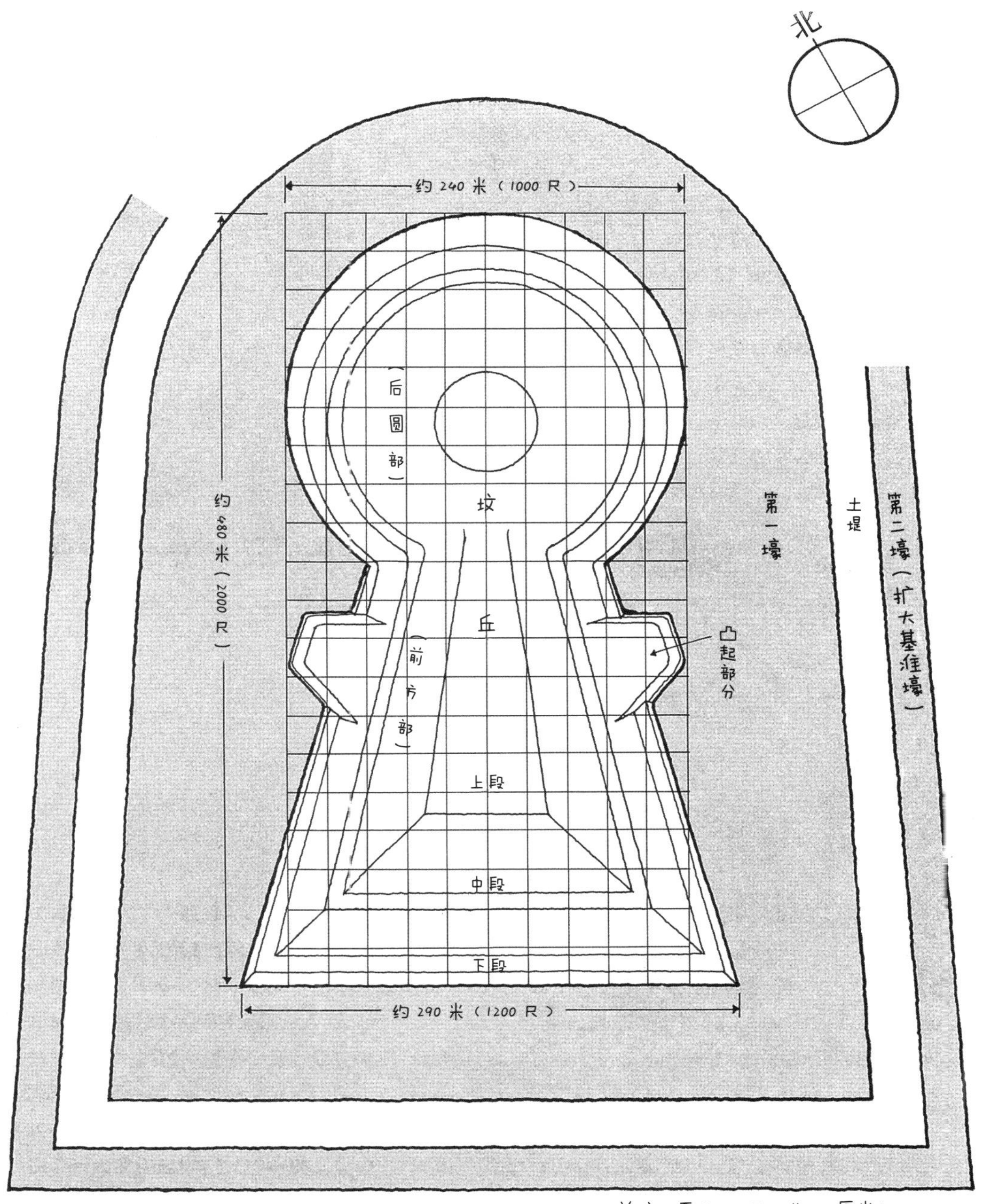

大山古坟的平面图

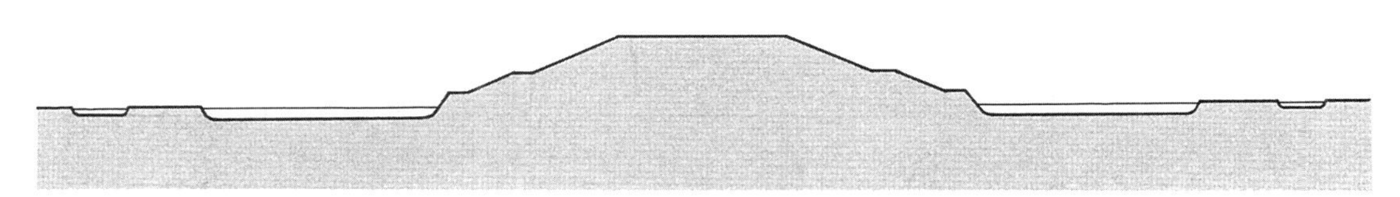
前方部的剖面图

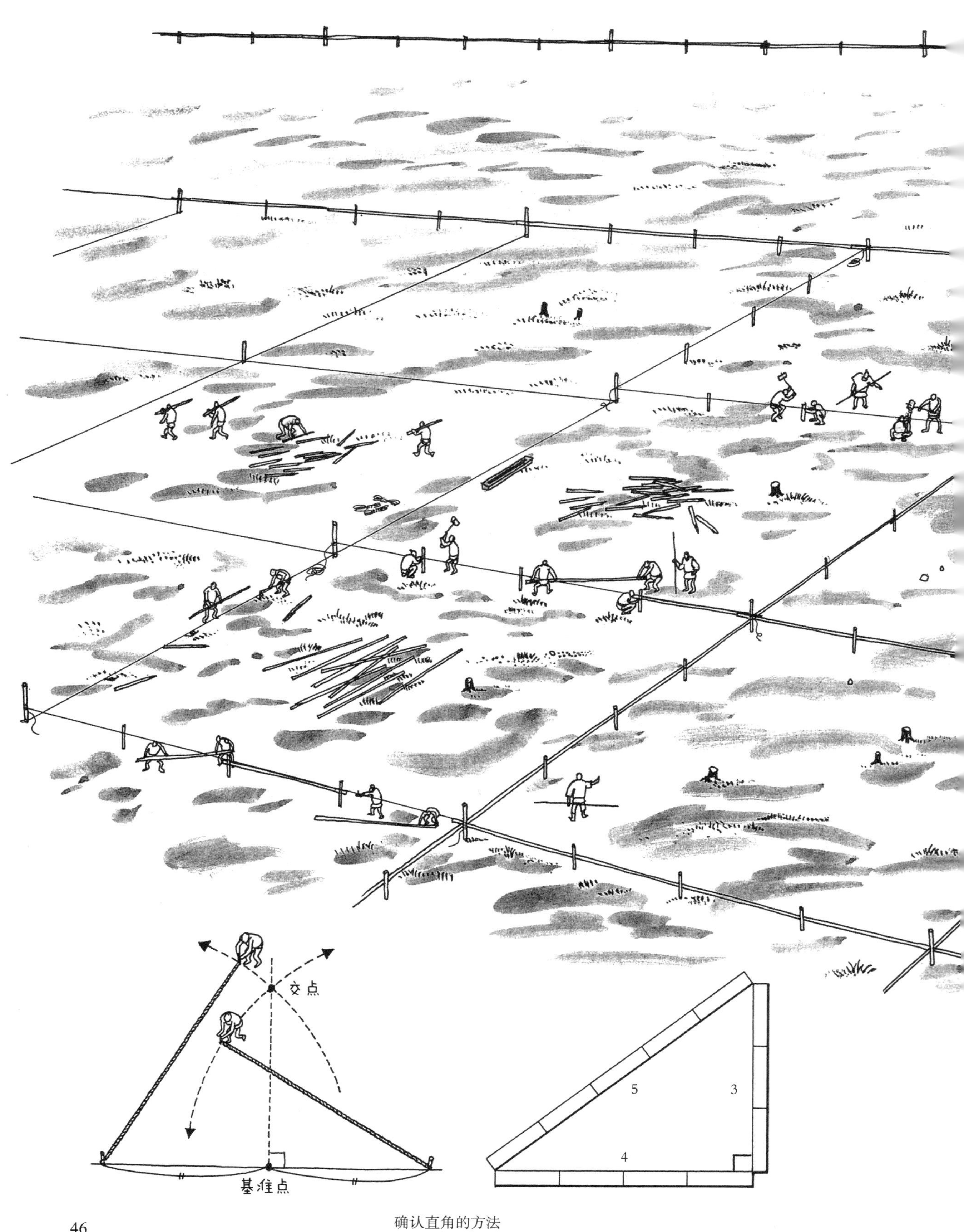

确认直角的方法

负责指挥丈量的技术人员应该是土师氏的重要人士。他可能穿着方便行走的轻便衣物，戴着帽檐较深的帽子以避免阳光直射眼睛，肩上背着装有各式小工具的布袋。手上的棒子既可以用来指挥，也可以用来测量。毕竟那是没有扩音器和传声筒的时代，大概另有专人负责接力传达指挥者的命令到远处。

实际上，要在地面上画出古坟的平面图，首先得拉出基本直线，然后标出基准点，在点上以直角画出和基本线垂直的线条。要想量出正确的直角，即便没有分度器或经纬仪等工具，只要运用毕达哥拉斯定律就能够轻松完成。准备好画上等间隔标记的绳子，以 3：4：5 的比例围成三角形，自然就能画出直角了。

当然，后圆部的中心点、前方部的前端等重要位置就不能如法炮制，而需要用圆规来确认。也就是在直线上一一标出和基准点的一定间隔，然后利用圆规画出圆弧，连接其焦点和基准点就能画出直角。如果没有圆规，也可以拿住细绳的一端来画。

只要沉得住气、有耐心、忠于原图地描画，完成这项工作所需的时间倒是不长。大概一个月的工夫就足够了。

长度单位是什么

古坟时代的人们用来表示长度的单位究竟是什么呢?

昭和年代的第二个十年时，大家还以为古坟时代没有完善的尺量工具。比方说，人们认为古人用树枝等设定等间距离，将埴轮等间隔地安置在古坟上，但之后发现前方后圆坟其实是经过精密的计算后营造的，还有其他古坟群是根据同一设计图建造的。加上中国古墓出土了真实的古尺，因此人们推论古坟时代日本已有使用中国尺的可能性。

正仓院[1]保管有实用的象牙尺和雕工精美的豪华象牙尺等各种尺，大体都是一寸约 3 厘米的唐尺。这里说大体，是因为每种尺的尺度多少有些差异。古坟时代晚期以壁画闻名的高松冢古坟，其石椁（收纳棺木的石制外壳）也曾使用这种唐尺来设计。比使用唐尺设计的古坟更早的是横穴式石室，采用的是一寸约 3.5 厘米的高丽尺。再往前的时代就难以确定了，大山古坟时期已经有使用晋尺的迹象。晋尺一寸约 2.4 厘米长。永宁二年（302）所建的洛阳古墓有骨尺（用兽骨制成的尺）出土，可通过文献和实物得到证实。假如大山古坟真的使用了晋尺，则大山古坟的坟丘长度设计为两百尺（约 480 米），但这只是笔者个人的假设（见 45 页）。

另一方面，比起中国尺等外来丈量工具，有些人更重视传统的日本长度单位，即所谓的“身度尺”。比方说四个指头宽叫作“一束”，一步距离为“一步幅”等。其中有和人体长度相近的单位，比如一个人张开双臂的长度叫作“一寻”，至今日本出海捕鱼的人仍会使用“寻”来表示海水的深度。

1　奈良东大寺正仓院建于 8 世纪中期，原是用来保管古代寺院财宝的仓库。

住在百舌鸟古坟群附近、从小就研究巨大古坟的宫川徏，测试了多种古坟尺寸的计算方法后，提出了“古坟设计可能使用约 160 厘米和约 150 厘米两种单位”的假设，并命名为大寻和小寻。由此可见，誉田山古坟和大山古坟使用大寻为单位。宫川徏的研究指出，每个古坟的大寻、小寻单位不定。就连正仓院收藏的尺也是一样，所以这不成问题，只是各古坟复杂的实际计算难题，得留待后世解决。

宫川徏研究后假设的长度计量单位

当时的人并用中国和日本传统的丈量工具，一点也不奇怪。一如今天日本除了正式采用国际单位制的米之外，传统的寸、尺、间[1]等单位仍根植于日常生活中。房屋出租或公寓销售的广告单上常见 3.3 平方米的数字，就是将六尺（约 1.8 米）“一间四方”的坪面积换算成平方米的结果。因此我们分析某个时代的丈量工具时，认定当时只使用一种尺度的前提并不正确。

目前天皇陵古坟是不对外开放的，将来如果有机会观察、研究，相信上述疑问能够真相大白。

1　一间约 1.818 米。

标立水平基准的记号

人们将古坟平面图放大后画在地面上，完成了打桩作业。接下来便要挖掘壕沟，用挖出来的土堆积坟丘，这占了整个古坟营造工作的一大半。壕沟内的泥土并不够用，必须从其他地方运土过来才行，而且从壕沟中挖出来的烂泥并不适合作为封土（古坟隆起的土堆），只能运到陵园外面丢弃。

到目前为止的工序，工人只需记住古坟的平面图，此后的作业则必须加上立体的考量。要建造大山古坟这样巨大的立体建筑，最重要的就是确定以哪一个部分的水平为基准。

在现代，日本列岛的高度是以东京湾水平面为基准标示海拔多少米，该基准的三角点标示于日本各地。古坟时代没有这样的标示，因此必须要有大山古坟专用的水平记号才行。虽说是大山古坟专用，但同一设计计划中的陪坟当然也适用该水平面。

找出水平面的方法也是弥生时代以来河内人的绝活之一。或许读者已经想起来了，包含池上遗迹，弥生村落的周围总是环绕着壕沟，不单是低地村落，有些高地性村落也挖有壕沟。和泉市观音寺山遗迹的地形复杂，但环绕的壕沟并不是顺着复杂的地形挖凿的，而是坚持保持水平。

大山古坟大概是在第二壕（第二道壕沟）的位置挖有长沟，注满水后作为坟丘高低的基准水平面。这个基准沟的大小只要有 2 米宽、1 米深就够了。工人在沟中打下长桩以稳定沟底的土质，假如有较柔软的部分就用泥土固定。这条长沟没有像大山古坟的第二壕一样环绕坟丘，也没有设置在后圆部北方，似乎是在与樋谷的深排水沟交会处经由长条的导水木管连接到半空中。

古人选择天气好的日子，将水注入沟中使之到达一定高度。然后配合鼓声的节奏，给之前打进沟底的坚固长桩标上记号。这个记号就是水平的基准。恐怕不仅在紧贴水面的地方有记号，而且在高于水面 1.5 米左右的地方也标有记号，这样比较方便日后作业。

一旦做好记号，就可以将沟里的水放掉，有必要时再注入即可。为了安全起见，可以预先设置一根作为基准的石柱。虽然在日本古坟建造中没有看到这种做法，不过以灌溉设施闻名于世的都江堰（中国四川省成都市郊外），就是以河边竖立的石刻人像作为目测水面高度的标记。

掘土作业

古坟营造的施工现场到处都是挖掘和运送泥土的工人。毕竟建造古坟的一大半劳动力都要花在掘土和搬运的工作上。

最辛苦的工作就是挖土。第二次世界大战期间，身为中学生的笔者被动员去建设高射炮阵地，地点就在大山古坟附近和石津一带，当时笔者做了好多天掘土和搬运的劳动。因为有过经验，所以知道个中滋味。相对于需要技术和体力的掘土工作，搬运泥土只需要耐力，难度倒是不大。

百舌鸟野的段丘沙砾层（有很多碎石的地层）很不好挖掘。就连现代的铲子也无法轻易戳进土中。工人得用备中锄或唐锄等同时用到肩膀和手臂力量的工具先将沙砾一一敲出，否则挖不到泥土。因为经过这道作业，大山古坟的土地条件要比誉田山古坟好太多了。

当时人们是使用什么样的工具来对付坚硬的土地呢？掘土的基本工具是平铲和锄头。平铲上头连着一根长柄。有的平铲是一体成形，有的铲身和长柄是用不同的木材接合而成的。使用时要将身体的重量压在平铲上。它的功能和现在的铁铲一样。至于锄头，则是有一根斜向的长柄。同样地，有的锄头是用一根树枝做成的，也有锄身和长柄是用不同木材接合的。锄身和长柄角度较小的适合用来整土、挖掘较浅的泥土；接近直角的则需要手臂施劲来深挖泥土、刨断树根、树干或除去沙砾。

由此可知，建造古坟时需要大量类似备中锄和唐锄的工具。此外也需要大量的平铲。至于锄头（平锄），通常是最后用来修整坟丘的，数量就不用太多了。

当时的平铲、锄头都是木制品。弥生时代和古坟时代的遗迹出土的工具都是赤栎、槲栎、青刚栎等硬木材质，完全不见铁制品。固然也有若干装有薄铁片的工具用来除草，但无法用来掘土或用于土木工程，不如选择适当树种制作坚固的木制品来得有效。

由于没有出土的实物，我们很难判断古人到底有没有使用铁制的平铲、锄头。日本富于优质的木材资源，木制的平铲和锄头较为发达，只要使用技术熟练，应该能发挥超乎想象的作用。

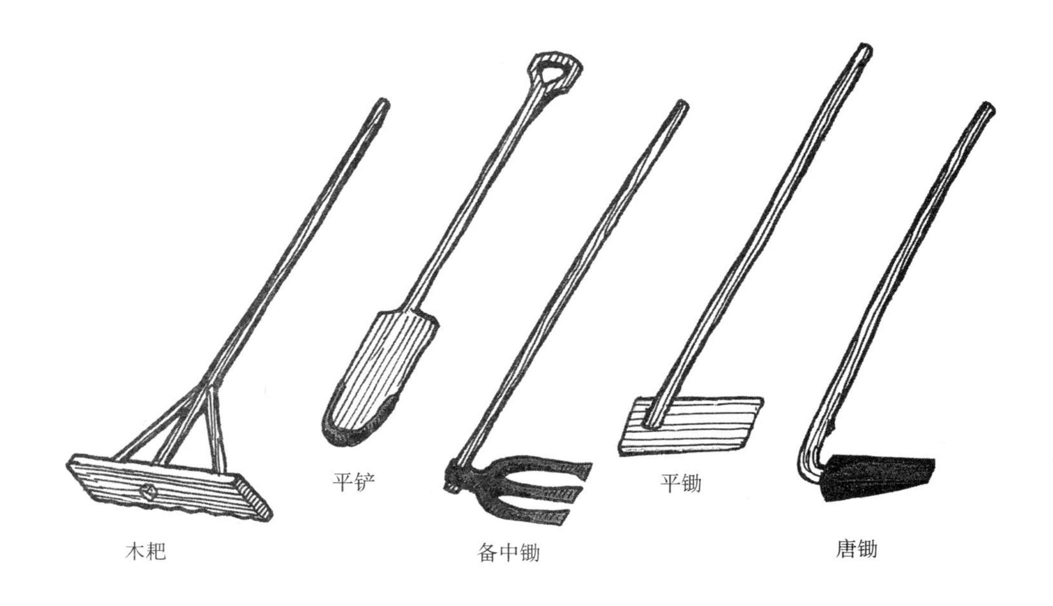

像备中锄这种大山古坟建造工程中用量最多的开垦工具，早在古坟时代前期就已经出现了。铲身前端装上U字形铁刃的平铲见于古坟时代中期。由此看来，泥土的搬运仍是用传统的木制平铲和平锄，挖掘硬土则使用备中锄和U字形铁刃的铲子。换句话说，大山古坟的营造除了日本传统的挖掘工具外，也使用了源自大陆的备中锄、U字形铁刃铲等工具，所以才能实现如此伟大的成就。

将泥土运往坟丘

搬运工将泥土铲进畚箕，用挑棒（天平棒）一担一担地送往坟丘预定地。

自古以来，日本人就习惯运用挑棒和畚箕的组合搬运泥土沙石。从中世有关土木工程的卷轴画中可以看到，不是用挑棒扛就是放在席子上拖，没有看到用背的。笔者在战时的经验也是用挑棒和畚箕搬运泥土。挑棒在《风土记》[1]中有所记载，在奈良的缠向石冢古坟（樱井市）壕沟里有实物出土。我们不妨认定，在建造大山古坟时挑棒已派上用场了。

1　713 年由日本元明天皇下令编撰，记录日本古代各国文化和地理。

另外，描绘江户时代千叶县印旛沼工程的图中，有两名担着挑棒走六町（约 600 米）路运送泥土的工人在三町处和另外两人换手的场面。比起一个人扛两个畚箕，似乎还是两个人担大一点的畚箕，运送量比较多。有趣的是，在背负泥土的工人旁边有一段说明文字："因为还不习惯用扛的，只好用背的。"可见用挑棒运送才是一般的做法。

大山古坟工程主要是使用挑棒和畚箕，一个人每天要运送 2—3 立方米的泥土。1 立方米的泥土等于 1.4—1.6 吨。到底一个人每天能运送多少泥土，众说纷纭。因为大部分泥土取自古坟的周围，就劳动条件而言，笔者认为是一天 2—3 立方米。

以国外为例，达尔文曾统计智利塔卡塔卡湖附近金矿矿工用笼子从深坑背出的矿石重量，每次运的重量是 90 千克，一天 12 回，也就是 1 080 千克。而且他们还得自己挑拣、挖掘矿石，爬上陡坡，十分耗费体力。

根据墨西哥乌西马尔的玛雅文化祭祀中心所做的实验，人们发现用铁锹挖土、运送 100 米的距离，一天只工作 5 小时，仍有可能运送 2.3 吨（约 1.7 立方米）的物品。

对古坟时代的人而言，这种既挖掘又搬运的土木工程，应该算是家常便饭了。现代人可能觉得这十分辛苦，但实际去做的话或许没有想象中困难。

一如 52 页提到的，最辛苦的工作是挖掘泥土。若想要计算建造大山古坟需要多少人力，只根据搬运泥土的人数来计算总人力是不合理的。

昭和三十年（1955）宫内厅的《书陵部纪要》五号发表了已故的梅原末治的论文《应神、仁德、履中三天皇陵的规模与营造》。梅原末治在论文中发表了许多研究成果，其中根据宫内厅千分之一比例的测量图计算，该古坟坟丘的体积有 1 405 866 立方米，这成为日后研究的基础资料。

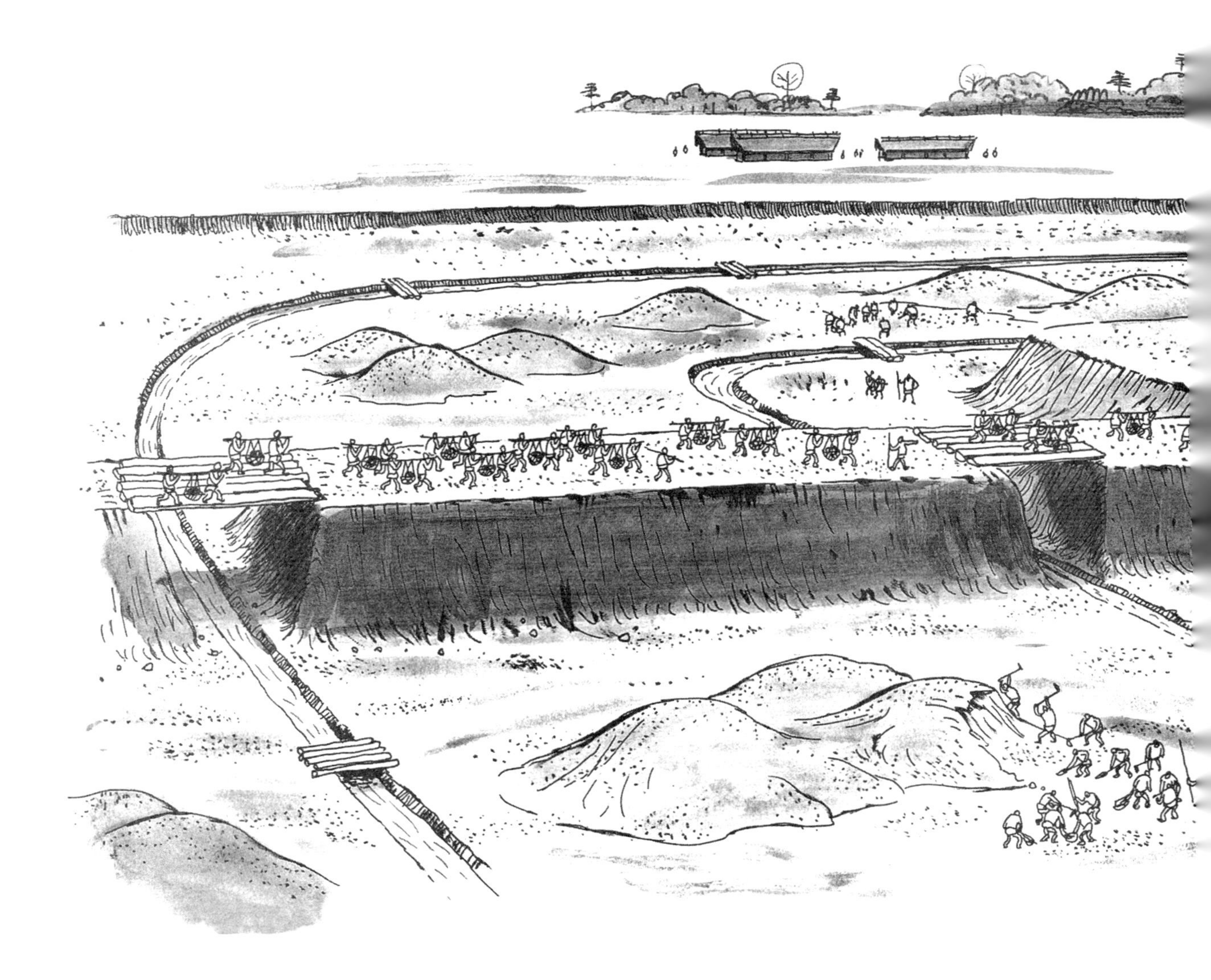

从采土场运土

建造古坟时人们会利用自然的小山直接堆出坟丘，不过大山古坟的坟丘却是在平地堆积泥土而成的人工作品。坟丘所有的土都是靠人力搬运过来的，数量非常庞大。根据梅原末治的计算，假如完全仰赖第一壕挖出来的泥土建造坟丘，则必须挖出平均深度为 10 米的壕沟才行。

据说目前大山古坟的第一壕最深处有 6 米，至于是否一开始就是这种深度则不得而知。因为工程之初在坟丘周遭挖掘太深的壕沟是很危险的。即便使用现代的土木技术，如果将壕沟挖出的土在旁边堆得很高，泥土的重量会造成邻近地面的隆起。由此推断目前这 6 米的深度可能是后世为了强化灌溉能力，或是明治时代为了取得修补坟丘的泥土，又将壕沟挖深的。这也成为日后大山古坟坟丘毁损的主因。

假设当初第一壕的深度是 6 米，那么挖出来的泥土量应该只有水深 4 米的量。因为根据其他古坟的挖掘情况来看，壕沟断面的凹口并非挖成

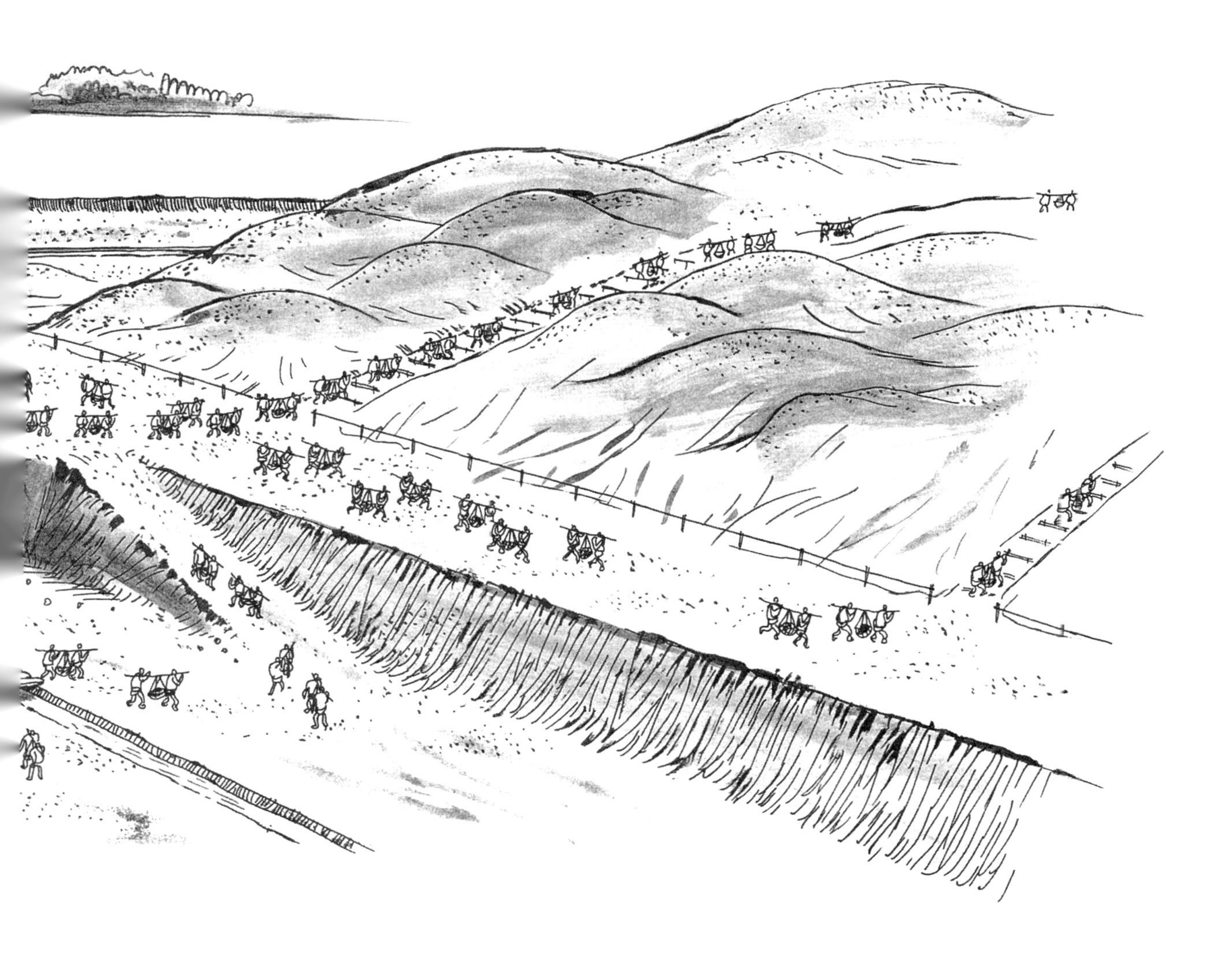

垂直的角度，而是带有弧度的 U 字形。就算把第二壕的泥土也用上，整座古坟所需的泥土仍有一半必须从外地运来。

取得泥土的地点在大山古坟西南方一处等高线内弯的台地斜坡。大林组的木村悌士先生认为采土场就在这里。挖走这里的泥土后，段丘的斜度会加大，人们眺望堺港时，会觉得大山古坟更加醒目。

于是，从外地搬运泥土的工作也开始进行。为此要在水平的基准壕上（目前的第二壕，此时的宽度还很窄）架上方便走路的踏板。一旦第一壕全部挖深，就不便搬运泥土，所以必须留下几处地方暂且不挖，当作土桥供搬运工行走。为了能使许多人同时通行，土桥必须要有相当的宽度。为了排水，一部分的土桥则必须挖深，并在上面架上木板桥。

前方后圆坟总会令人联想到左右对称的工整形状，但其实壕沟不但有土桥相连，撤掉土桥后仍会留下凸起的部分。当然其中不乏后世增建的部分，这是我们过去没有注意到的细节。大山古坟腰部的左右两侧有两个凸起部分，可视为当年土桥的底座。笔者认为，东侧还好，采土场所在的西侧至少需要两座土桥，但是西侧有排水沟，内凹的部分应该不容易架设土桥。因此，笔者认为后圆部两道、前方部两道，合计四座土桥的推断或许比较合理。

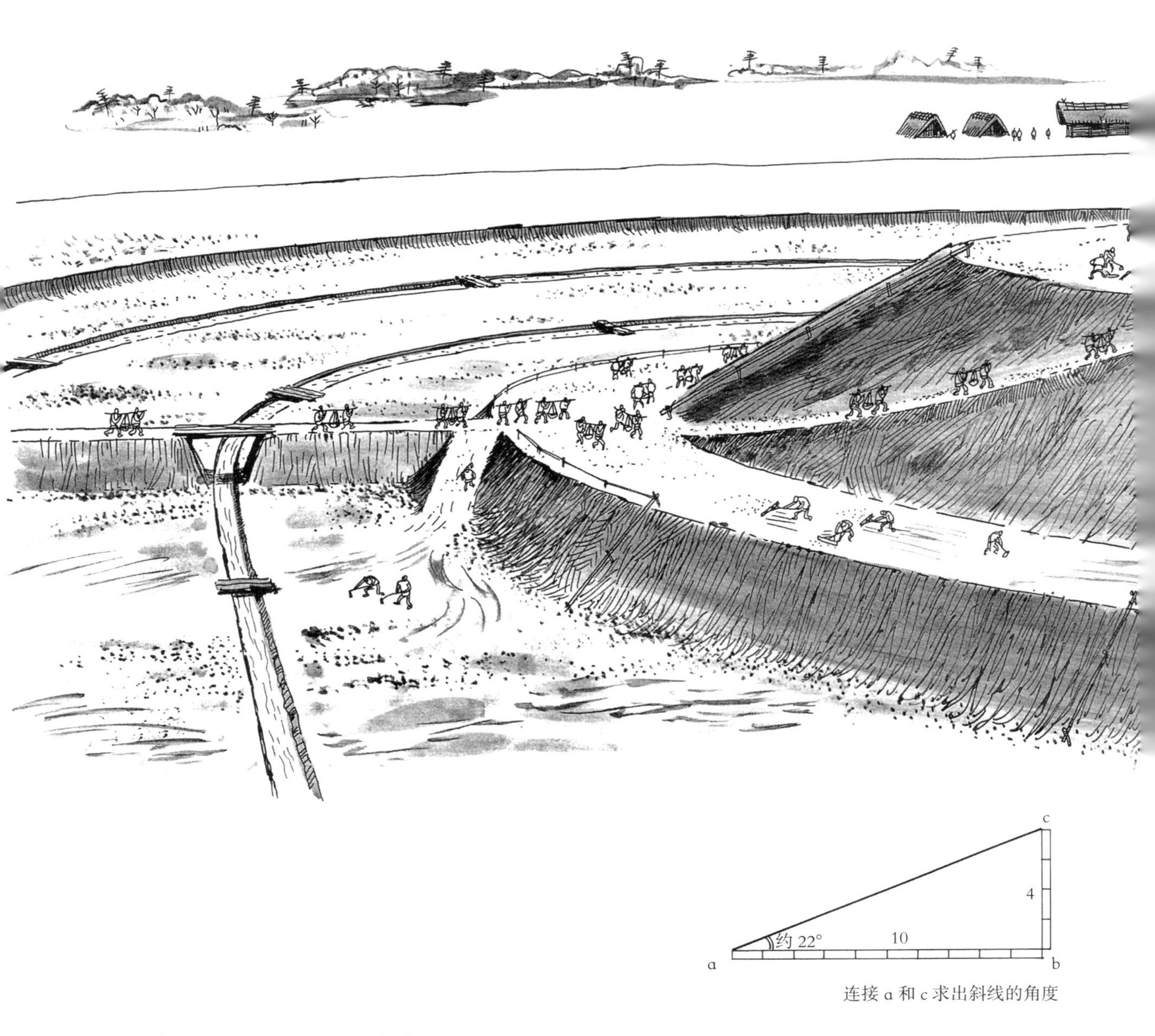

连接 a 和 c 求出斜线的角度

继续构筑下段、中段并确认水平

挑着畚箕的工人一一走过土桥运送泥土，其中很多是两人一组扛着大畚箕。远望过去，就像是连绵不断的蚂蚁队列一样。泥土一送到就被倾倒出来，越堆越高。

大山古坟的坟丘在明治时代曾经历过整修（详述于后），其实原本建造为三段，下段距离现在的水面有 3 米高，构筑时一边留意是否保持水平一边进行堆土。中段的前方部正面高 15 米，后圆部高 11 米。

这时斜面的角度维持在 20—22 度之间继续向上筑砌，而且仍然使用水平的基准。当时的人们早已知道，从坟丘轮廓线 a 往内侧经过 10 格

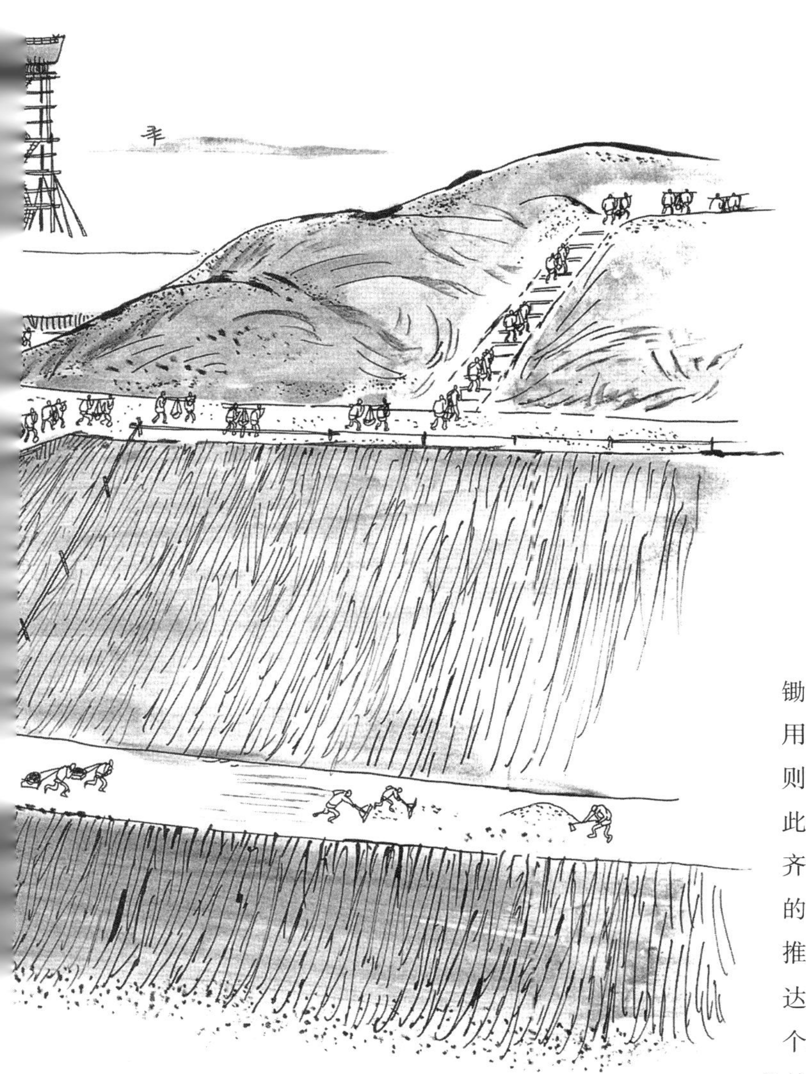

将泥土送至坟丘后，接下来要用平锄、木耙（长方形木板上加有木杤的水田用农具）等工具将土推平，多出来的泥土则被放进木箱或放在席子上拖着移动。因此坟丘的泥土不会像年轮蛋糕一样有着整齐的纹路，而是被切割成几乎水平的较短的单位，一层又一层堆积上去。这种将土推平的技术，随着弥生时代水田文化的发达而根植于日本人的生活之中。这是另一个不用版筑法的理由。

到达 b，再向上垂直延伸 4 格的高度到达 c，将 c 与 a 连接，就能求得 22 度的角度。实际上在操作时，a 和 c 是以薄木板连接，角度更加确实。这 10 格和 4 格的单位可以是尺或寻，或是 100 格和 40 格也无所谓。

中国流行用版筑的方法堆土。先竖立两块木板，然后将泥土倒进木板之间加以填实固定。版筑法于古坟时代晚期传入日本，主要使用地点是奈良，使用期很短。因为这种固定泥土的方法是根据华北质地较细的黄土想出来的，并不适合日本的土质。

此外，斜面部分尽量选用优质泥土，踏实、夯压来调整坡度。堆到下段的高度后，先检查是否维持水平。根据打在各基准点的木桩，确认高度和距离。这时采用的是弥生时代以来就很成熟的方法，即将长方形的水槽注满水，利用水面来确认水平。

整体工程的指挥所矗立于后圆部北方壕沟外的高台上。那可不是只用一次就弃置的简陋高台，而是类似望楼（像楼阁一样的高大建筑）的坚固结构。古人肯定是站在那里一一确认各重点位置的高度。笔者年轻时曾能毫不费力地看出远处两根相隔 1 米，挂在同一高度的细绳是等高的。眼力好的人绝对会成为工程负责人的得力帮手。

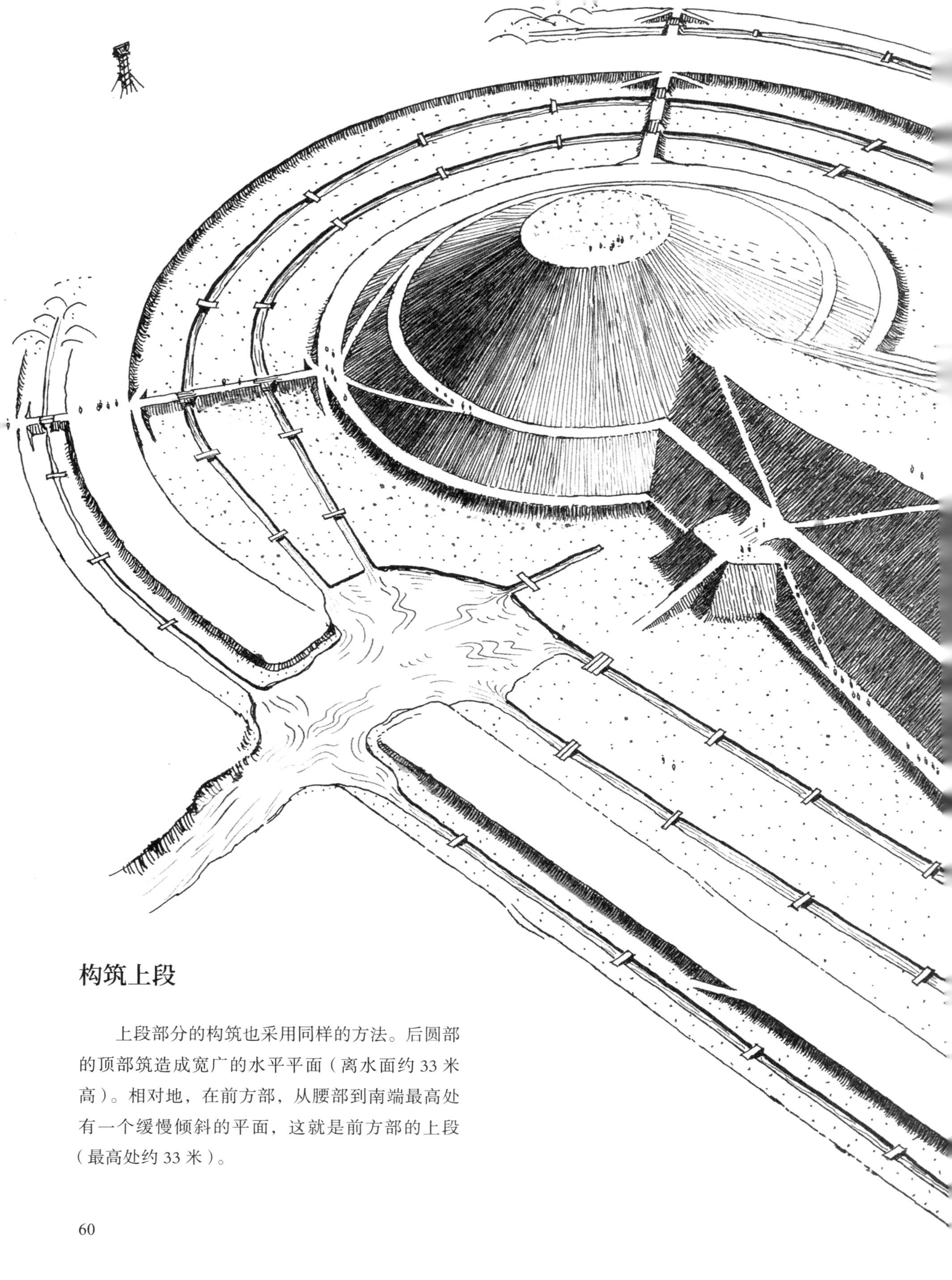

构筑上段

上段部分的构筑也采用同样的方法。后圆部的顶部筑造成宽广的水平平面（离水面约 33 米高）。相对地，在前方部，从腰部到南端最高处有一个缓慢倾斜的平面，这就是前方部的上段（最高处约 33 米）。

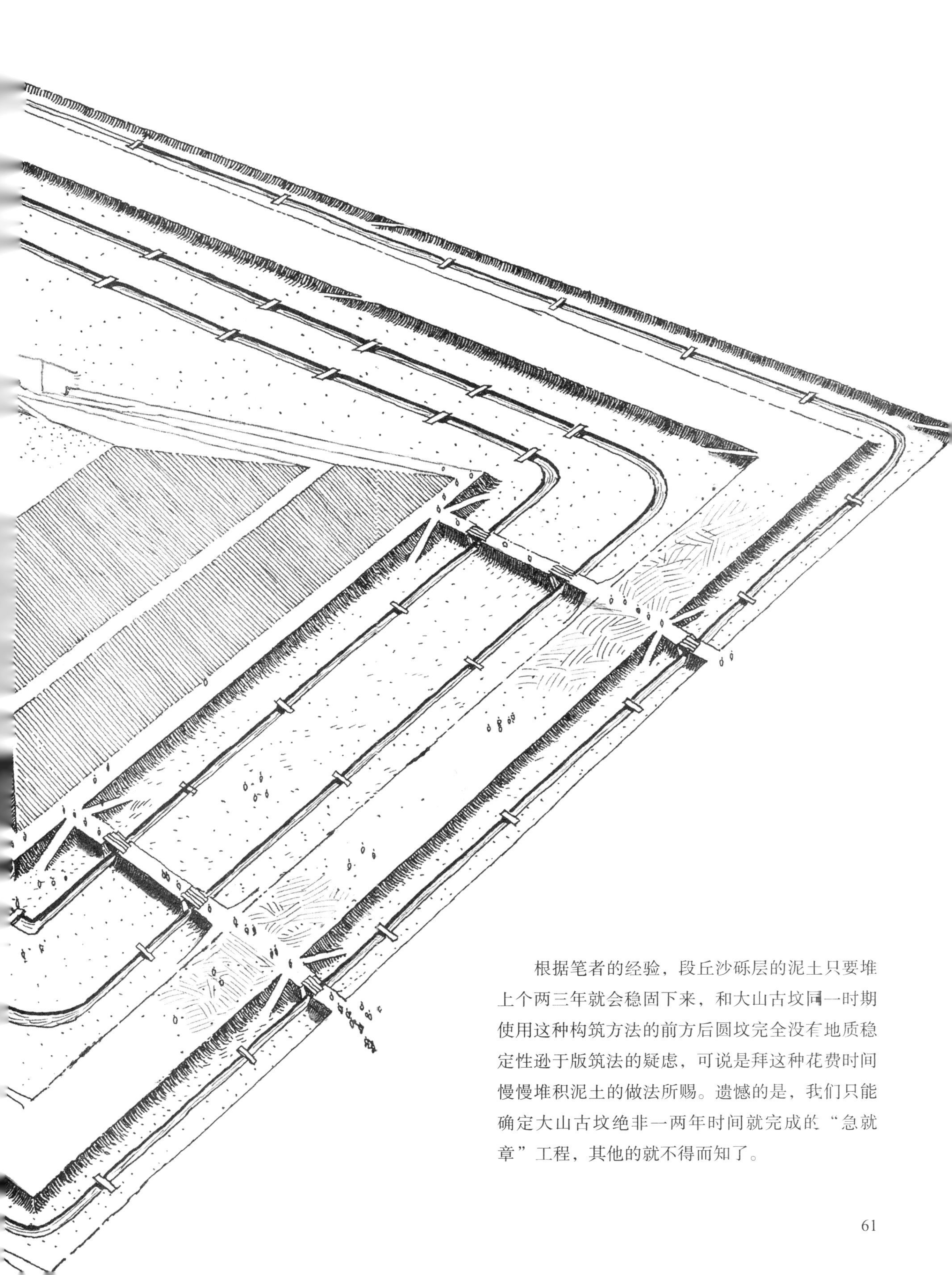

根据笔者的经验，段丘沙砾层的泥土只要堆上个两三年就会稳固下来，和大山古坟同一时期使用这种构筑方法的前方后圆坟完全没有地质稳定性逊于版筑法的疑虑，可说是拜这种花费时间慢慢堆积泥土的做法所赐。遗憾的是，我们只能确定大山古坟绝非一两年时间就完成的“急就章”工程，其他的就不得而知了。

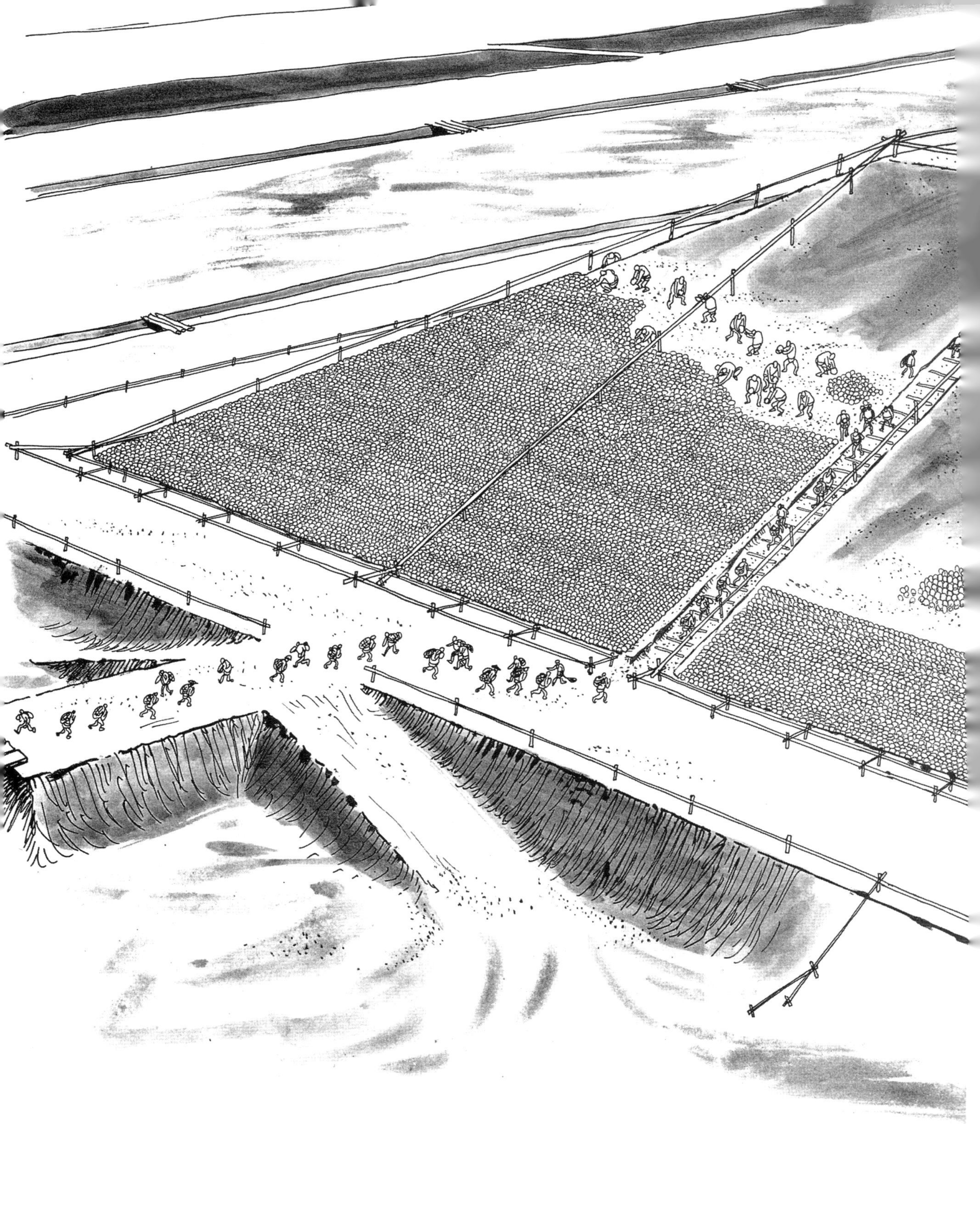

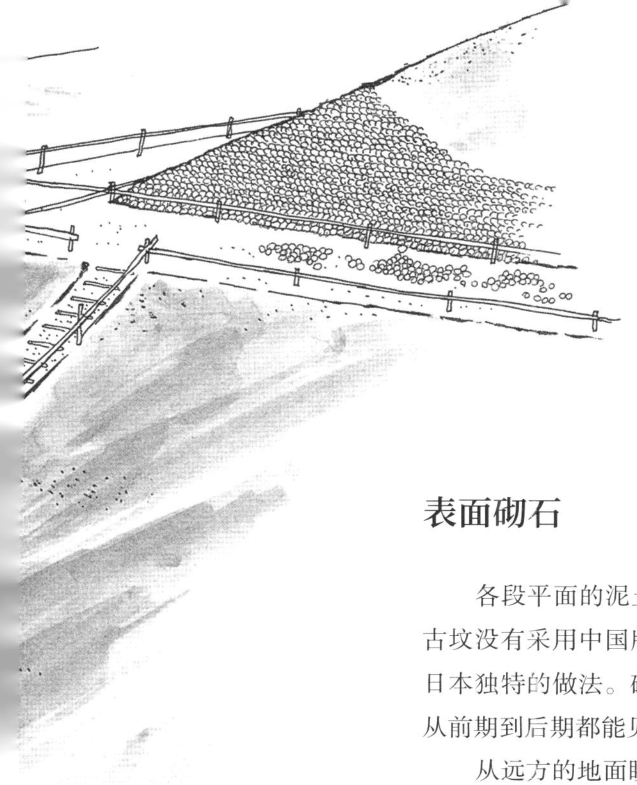

表面砌石

各段平面的泥土是裸露的，而斜面部分则完整地砌上石头。建造巨大古坟没有采用中国版筑法，而是在斜面砌上石头以巩固坟丘，这可以说是日本独特的做法。砌石用的是相当于猫狗头颅大小的石砾。日本古坟时代从前期到后期都能见到这种做法。这种砌石和壕沟是日本古坟的特色。

从远方的地面眺望巨大古坟时，会看到石头表面的坟丘。搭飞机俯瞰，则会看到坟中心是泥土，周围是一圈石头，然后是一圈泥土，接着又是一圈石头，最后是壕沟的水面。

关于砌石的起源，有两种看法。第一种看法认为，表面砌石呈现了想在外观上模仿朝鲜半岛高句丽积石冢的意识和传统。第二种看法则认为，表面砌石是来自德岛县吉野川流域或濑户内海沿岸的设计。这些地方自古以来就流行日本古式的积石冢，不仅有初期的砌石古坟，还有传承自古代的石工集团，当地人的石材知识都很丰富。

至于大山古坟砌石所用的石材来自哪里，因为无法实地调查，所以不得而知。前述的梅原末治的论文指出，据京都大学理学部的松下进教授鉴定，后圆部的采样是和泉砂岩，前方部的采样是花岗岩。两个部位使用不同的石材，的确耐人寻味。后面我们会提到，前方部曾在明治时代整修过，所以应该是当时填补上去的新石材。那么后圆部的和泉砂岩是否是建造时的石材呢？现阶段暂且就认为是这样的吧。

靠近大阪府南端的阪南町箱作，是和泉砂岩的加工地和输出港，从近世开始一直繁荣到现代。采石场位于箱作东南方 2 千米远的溪谷。虽然古坟时代的前期和后期也生产过石棺，但要切割出大型石材比较不容易，通常只是将石头大致劈开，主要供石屋建材与砌石之用。

从箱作到大山古坟，当时的人应该是用船只运送砌石。沿着大阪湾北上进入石津川，再改由人力搬运。这么说来，以石津的地名判断，说这里曾经是大量砌石的集散地，一点也不足为奇吧。

准备埴轮

大山古坟的坟丘盖成三段，已接近完工。因为壕沟里面还未放水，所以人们仍能像今天修建大楼的地下工程一样继续在地下作业。坟丘斜面有的地方已经砌上石头，有些地方还是裸露的泥土。人们已开始在古坟的周边制作埴轮。

提到埴轮，大家印象深刻的是那些仿人物、动物、鸟、房屋、船只等实物制作的形象埴轮。其实古坟时代初期大量制作的是圆筒埴轮和牵牛花形（壶形）埴轮排列在坟丘上。比较可靠的说法认为：圆筒乃模仿器台（放置石器的底座），牵牛花形则是仿制食器壶。也就是说，它们是广义的形象埴轮。

到了古坟时代中期，古坟大量使用的有圆筒埴轮、牵牛花形埴轮和绢伞埴轮（仿造贵人遮阳伞的伞形埴轮）。从各种巨大古坟的实例来判断，基本上圆筒埴轮是排列在坟丘各段和土堤的内外侧。上段坟丘，每排列九个圆筒埴轮就要在外侧放置一个伞形埴轮。牵牛花形埴轮有时会夹杂在圆筒埴轮里，但比例因各古坟而异（见 72 页）。

圆筒埴轮的直径约 40 厘米，左右间隔约 6 厘米。我们来数数大山古坟有多少个埴轮吧！首先上段的埴轮列总长度是 700 米，共 1 521 个，其中伞形埴轮有 169 个。中段的总长度是 1 162 米，共 2 526 个。假如下段也有，其总长度约 1.4 千米，约有 3 040 个。此外，如果第一壕外侧土堤的内外两侧和第二壕的外侧土堤也都排列了圆筒埴轮，那么总计需要 13 740 个，这是梅原末治论文中的数据。

换句话说，大致得制作 15 000 个埴轮才够用。埴轮通常在古坟群内筑窑烧制。有的甚至在古坟壕沟旁边烧制，陶窑一用完便立刻除去，碎片、灰烬都要打扫干净。在大山古坟附近，百舌鸟八幡宫所在的梅町谷状低地发现了窨窑（有斜度且可烧出高热的窑）遗迹。另外在大山古坟西侧的相邻地区也有窑场遗迹。不过供应如此巨大的古坟所需的埴轮，恐怕不是附近这些窑场所能负担的。

事实上，三辻利一先生对土器坯土（材料用土）进行科学性的研究后得知，有些古坟会由其他古坟群的窑场供应埴轮。因此，大山古坟可能使用了古市古坟群窑场烧制的埴轮。假如果真如此，那么它是经由大津道等陆路运输，还是利用水路从石川到大和川，然后出河内湖南下大阪湾的呢？笔者对此运输路线十分感兴趣。

传说埴轮是土师氏的始祖野见宿祢发明的。《日本书纪》中提到：垂仁天皇皇后日叶酢媛过世时，野见宿祢提议“取埴做成人、马等物品”以取代殉死（追随过世主人自杀的习俗），并将这些土制品立在陵墓前。结果这成了后世的丧葬习俗，而那些土制品就叫作埴轮。当然这个传说不足以说明所有埴轮的起源。就算土师氏的祖先确实发明了人和马形的埴轮，笔者以为也不可能最先用于日叶酢媛陵墓所在的佐纪古坟群，而应该是在古市或百舌鸟的古坟群。

从龙山运出石棺

从建造大山古坟开始，已经过了多少岁月呢？《日本书纪》中提到仁德天皇陵从工程开始到完成一共花了二十一年。但笔者不认为这数据能准确反映古坟时代中期的情形。因为7至8世纪的朝鲜半岛和日本有将大型寺庙的工期定为二十一年的信仰。大概《日本书纪》的编纂者是为了因应信仰才这么写的。

唯一能确定的是，建造古坟费时长久。中国习惯从皇帝即位的第二年开始建造陵寝。在律令时代以前，军制尚未完备的时代，日本可以用营造大古坟的名义聚集民众，遇到突发状况时这些群众可作为战士使用，因此建大山古坟可能花了一二十年，甚至说需要三十年时间也很合理。

日本的巨大古坟虽然规模庞大但结构并不复杂。它不像中国的古坟设有地下墓室，安置在墓室里的东西种类也不多。就结果而言，很少有古坟展现出独特的个性，也就是说看不出坟墓主人的喜好或信仰。因此那些没有像大山古坟一样经过实地调查的坟墓，我们对其仍能推论出个大概。

以大山古坟来说，首先得准备坟墓主人的石棺。只要事先知道陪葬人员，也可以准备他们的石棺。从古坟时代中期起，各地的小豪族阶级中开始流行夫妇同棺合葬。不过统治阶层夫妇同棺合葬仍属少见，直到横穴式石室普及的古坟时代后期，甚至到了末期，仍然以棺椁分开为主流。

因此，工人必须制作数个棺椁。大山古坟的棺椁不是同时制作的，据推测他们在龙山（兵库县高砂市）采石场至少订制了两具石棺，两具都是长持式石棺（以6片大小石板组合而成的组装式石棺）。因为江户时代发生过后圆部石棺外露的情况，人们找到详图，显示平常不埋葬棺椁的

前方部也埋有相同形式的棺椁，而近畿一带的高级长持形石棺几乎都是以龙山石制作的。由此推测至少有两具棺椁出自龙山采石场。

关于龙山的石工集团，《风土记》记载他们是来自赞岐（香川县）的羽若集团。就考古学来说，龙山石的开发比起香川县的鹫山（国分寺町）石棺要晚，从古坟时代中期到后期才广为使用。近畿地区的石棺之中，也有少部分是和泉砂岩所制。还有使用九州岛阿苏和九重山熔岩的，可以想见坟墓主人和九州岛地区的关系匪浅。对于大山古坟，我们无法否定这种可能性，但大山古坟大多数石棺采用的是龙山石。

工匠在龙山为石棺进行的加工大约只做到八成便先送出去。运送过程中石棺容易受损，因此表面只做基本的切割。采石场尾端的石宝殿（日本三大奇物之一）正下方是通往海洋的水路，石棺在此装上木筏或船只，运至堺港。

还好大山古坟的长持形石棺是6片石板的组装式石棺，可以分别捆包运送。石室的天井大概也是采用龙山石。石材分装上数艘木筏，应该是用船只拖着沿海岸前往堺港。只要能够顺利通过五色冢所在的明石海峡，之后就能不受强风阻碍地安全航行。

将石棺安置在后圆部并建造石室

从堺港到大山古坟只有很短的距离，但途中有湿地，所以必须对沿途道路进行路面强化，再将石棺放上大型的木橇（修罗）来运送。

石棺好不容易运送到大山古坟的西侧。这里的泥土被挖走用作坟丘，变成了一片低缓的倾斜地。来自龙山的石工开始对石棺进行细部修饰，磨光表面，演练组装步骤。制作葬礼所需的勾玉和臼玉（断面类似臼形的祭祀用小玉）的玉工也到此工作。这里俨然成为一处临时的工作室。

昭和五十三年（1978），藤井寺市仲山古坟附近的三冢壕沟底下，出土了大小两个木橇和被认为是用来当作杠杆的树干。当时人们曾经以同样大小的仿造品进行实验，证实它就是用来搬运巨石的木橇。木橇出土地点就在河内土师氏的大本营附近，笔者认为该木橇应是土师氏使用的土木工具。百舌鸟的土师氏使用的肯定也是类似的木橇。

在进行石棺细作工程的同时，工匠开始准备在后圆部上面建设石室。既然说是石室，代表它是一个用石头围住石棺的保护设施。在这个阶段工人只是根据石棺大小挖出深两米的墓穴而已。根据其他百舌鸟古坟群的前方后圆坟来判断，大山古坟的石室应该是呈东西走向。

石室准备好后，工人再次利用木橇搬运石棺，将其从架在后圆部那一侧的土桥送进坟丘内部，然后小心地拉至后圆部上面。为了让出这条穿越坟丘各段的运送路线，该部分的工程要留到最后再完成，经过的斜面也没有砌石。

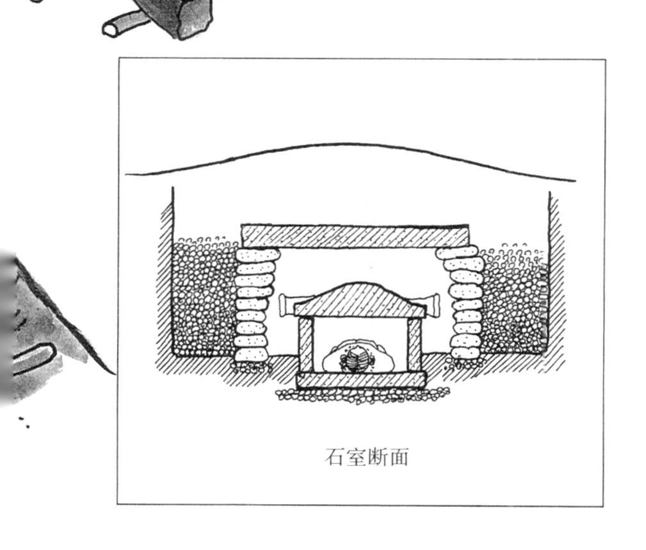

石室断面

压实之前挖好的洞穴地面土壤后，工匠直接在洞里组装石棺。假如没有事先堆土，而是在石棺放下后才在周遭盖上泥土，会使土质变弱，因此得先堆高泥土，几年后再重新挖掘墓穴。石棺组装好之后，周围空出些许空间，人们用石头堆出墙壁，再排列几块龙山石石板作为天花板，这样石室就完成了。这称为竖穴式石室。

在天花板上未覆盖黏土或泥土时，要用临时建筑物来保护这个虚掩的石室，一直到埋葬之日到来。此时尽管作业全都完成了，但那条运送石棺、石室建材的通路还是保持原样。

巨大的前方后圆坟几近完成

将坟墓主人的石棺放进后圆部后，人们开始进行最后的加工。首先撤掉坟丘东侧的土桥，砌上石头。

壕沟一旦注满水就不方便整修了，因此构筑工事必须十分谨慎，尤其在水面和坟丘交接的水际线，必须砌上较耐水波拍打的大型石头。此外，干水期的水际线会下降，因此露出水面的部分也必须砌上石头。土堤内侧和坟丘侧砌有相同高度的石头，土堤并非堆土建造，几乎都是挖掘段丘后依地形改造的，因此没有崩坍的问题。

圆筒埴轮的设置作业也同时进行。先打上小木桩，在木桩与木桩之间绑上细绳作为基准，然后排出相同高度的埴轮列。可惜我们不知道大山古坟下段圆筒埴轮的排列方法，也不清楚其他巨

大古坟的做法如何。根据目前位于水际线上方的岩盘层（天然而坚硬的地基）和表土层的界线来推测，应该是尽可能地将圆筒埴轮埋在岩盘层。这是今后亟待探讨的课题之一。至于坟丘的上段和中段，则是将圆筒埴轮放置在距离边缘两米远的内侧，上段还在外面加放伞形埴轮。圆筒埴轮之所以排列在内侧，有些人指出是因为表土层的土质柔软，不如岩盘层来得稳固；也有人认为是要给放置伞形埴轮留出空间。有关中段是否也放置伞形埴轮，则不得而知。

放置埴轮时必须先挖好洞，将三分之一的圆筒埴轮埋进去。上段较容易挖掘的表土层，是以25个埴轮为一个单位进行挖洞作业；岩盘层则是一个埴轮挖一个洞来掩埋。用刷子在排列好的圆筒埴轮表面涂上红色的氧化铁颜料，使外观看起来更加显眼。

这时前方部西侧的土桥也撤掉了，坟丘整体工程到了最后紧锣密鼓的阶段。在腰部两侧的凸

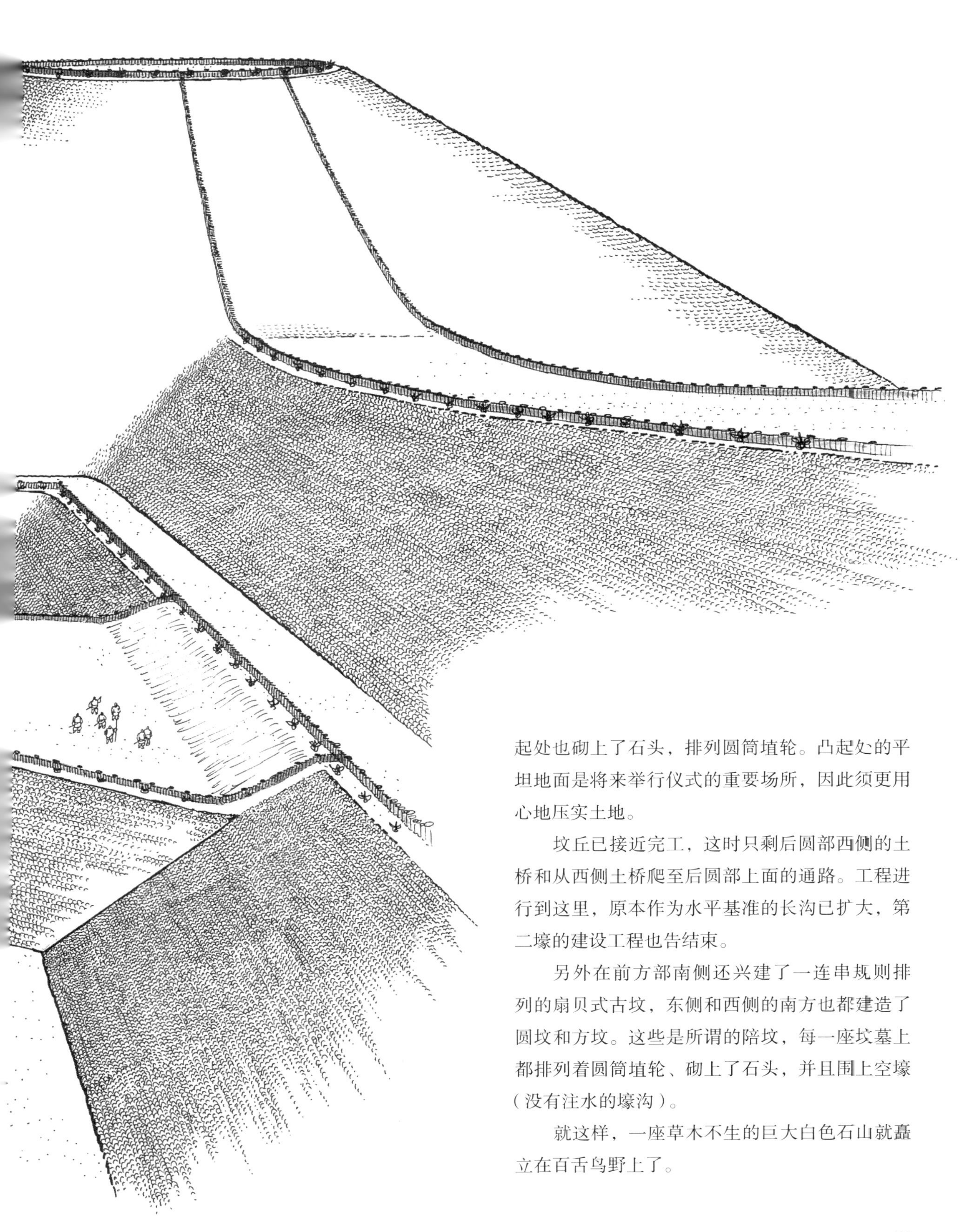

起处也砌上了石头，排列圆筒埴轮。凸起处的平坦地面是将来举行仪式的重要场所，因此须更用心地压实土地。

坟丘已接近完工，这时只剩后圆部西侧的土桥和从西侧土桥爬至后圆部上面的通路。工程进行到这里，原本作为水平基准的长沟已扩大，第二壕的建设工程也告结束。

另外在前方部南侧还兴建了一连串规则排列的扇贝式古坟，东侧和西侧的南方也都建造了圆坟和方坟。这些是所谓的陪坟，每一座坟墓上都排列着圆筒埴轮、砌上了石头，并且围上空壕（没有注水的壕沟）。

就这样，一座草木不生的巨大白色石山就矗立在百舌鸟野上了。

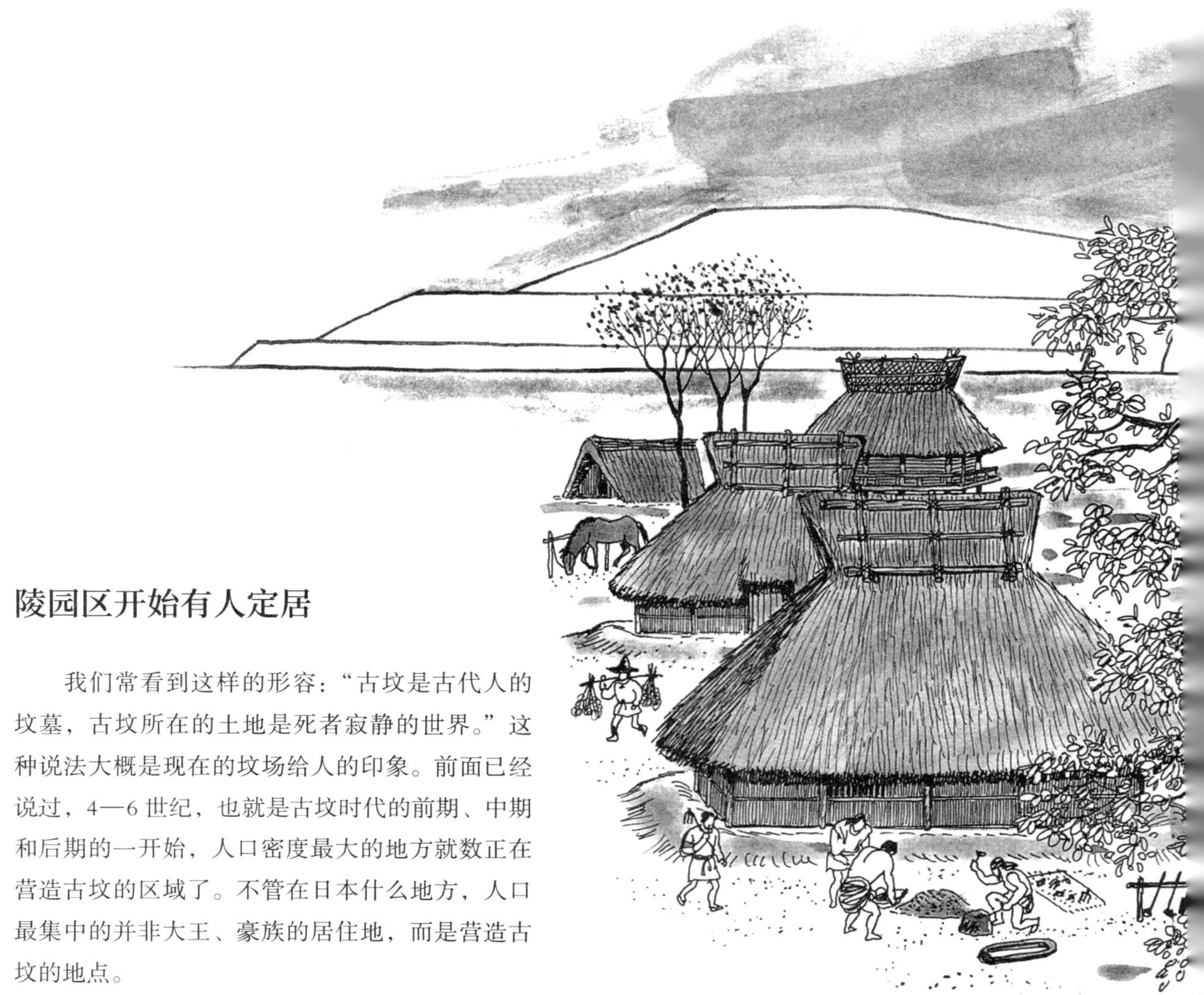

陵园区开始有人定居

我们常看到这样的形容："古坟是古代人的坟墓，古坟所在的土地是死者寂静的世界。"这种说法大概是现在的坟场给人的印象。前面已经说过，4—6 世纪，也就是古坟时代的前期、中期和后期的一开始，人口密度最大的地方就数正在营造古坟的区域了。不管在日本什么地方，人口最集中的并非大王、豪族的居住地，而是营造古坟的地点。

中国西汉时代曾有个建造"陵邑"的都市计划。皇帝建造个人陵寝时，强制民众迁居到周边，形成一个新都市。这样皇帝就不是被埋葬在荒郊野外的坟丘里，而是埋葬在热闹的尘世之中。可惜那个强行建立的都市，没过多久就变成了今日所见的风景——只剩下城墙包围着一座大坟丘。

日本的巨大古坟也有类似状况。最近的考古挖掘不只以古坟为对象，还扩展到周遭的土地。结果除了古坟时代的村落遗迹外，许多制作玉器、冶铁的工厂遗迹也相继出土。在大山古坟附近，除了有铁器加工，还发现当时人们可能使用土器制盐。借由这些文物的出土，我们看到了和印象中的死者世界大相径庭的真实形态。

百舌鸟古坟群包含扇贝式古坟在内共有 27 座前方后圆坟，其中至少有 5 座巨大古坟。粗略推估应该是用了一百五十年的时间一座又一座地兴建起来的，不难想象当时热闹的程度和中国的陵邑大异其趣。

营造古坟的地带，笔者用陵园区来称呼。这里聚集了政府官员、祭师、技术人员、工人、士兵、土木工作者等各行各业的人，他们营造出蓬勃热闹的生活气息。因此，古坟的营造固然是豪族权力的展示，但我们也不该忽视它对该地域的集团从无到有、朝着同一目标团结合作的精神的展现。

那些来自远方、挖掘和搬运泥土的劳工自

不用说，许多技术人员和工匠参与古坟的建设工作后，也相继定居在百舌鸟野的各地。就像土师氏一样，在巨大古坟完工后，便以此地为根据地了。

整治陵园、派员守墓

大山古坟的整顿工作仍在持续进行。根据《延喜式》[1]的记载，该古坟的陵园范围（兆域）是东西八町、南北八町（一町约 100 米），但实际上却不知道它和外界是如何划分的。可以想象的是，可能筑砌了较低的土垒（堆土而成的壁垒）或土墙，也可能架设了木头栅栏。总之，坟丘周遭进行了一番整治处理。

陵园内不允许农耕、放养家畜等活动。然而到了后世，庶民百姓却开始偷偷在此埋葬死人，之后的时代，国家管理愈渐松散，这附近便都成了农田菜圃。

在陵园管理完善的时期，此地有专门管理古坟的守墓人。守墓人住在古坟附近，不让闲杂人等进入大山古坟。此外他们还得打扫卫生，遇到

1　日本平安时代编纂的律令制典章规范。

大雨等导致自己无法处理的损害时，必须向上司报告。

第一壕的水也用来灌溉陵墓西侧低地约七十町步（约0.7平方千米，江户时代为一百一十七町步）的水田。这固然是中世以来古人致力于提升灌溉能力的结果，但打从一开始它已具备一定的灌溉能力。笔者甚至认为，得益于水利之惠的农田收入应该会作为维护大山古坟的费用。

由此，大山古坟陵园在专人管理下保存至今。接下来，笔者想叙述个人对大山古坟的一项推测。

这项推测是有关埋葬在前方部的究竟是何人的。明治五年（1872），在大山古坟前方部的下段和中段之间的位置出土了长持形石棺。一般认为这具石棺的埋葬时间在后圆部的石棺之后。可是在后圆部埋葬完大王后土桥就已经被撤去，所以很难再将石棺等东西运进坟丘。如果石棺是在大王之前埋葬的，那么问题就解决了。但埋葬在前方部下段上方的位置一事十分异常，如果是预定要埋葬的人物，应该埋葬在后圆部才对，所以这大概是一名意外过世的人（而且是在大王驾崩之前），他能埋葬在大山古坟，代表该人和大王的关系匪浅。

根据这些线索推想，此人可能是后圆部主人（大王）之子，而且应该是个被期待成为继任者、勇武过人的年轻人。他不幸早夭，年纪还不到后世所谓的弱冠之年，所以只好紧急埋葬于大山古坟的一隅。为了不破坏正在营造的坟丘，人们选择在前方部的下段上方建造石室，埋葬这名死者。笔者还认为，这名年轻人的早夭加速了大王的驾崩，因此两人的死亡时期（石棺的年代）几乎没有差别。这种推测是否太过于像小说结局呢？

大王的驾崩与殡期

下令建造大山古坟的大王驾崩了。大王是根据自己的意志葬于大山古坟的。

即便在今天，人们也很难决定用心脏还是头脑停止活动来判定死亡。对古代的人而言，生死的界线更是不易明了。情感上不愿意接受死者死亡的心态在任何时代都是共通的。

《三国志·魏志》的《倭人传》和《后汉书·东夷列传》的《倭传》都记载了倭人处理死者的习俗。根据其中的记载，倭人在人死后，会先让尸体放置一段时间不下葬。这期间，和死者关系亲近的遗族会号啕大哭、不吃肉，过着非日常性的生活；相反地，其他人唱歌跳舞、饮酒作

乐。大山古坟的坟主过世后，应该也是以同样形式大规模地操办。各地出土的埴轮中有演奏乐器、跳舞和拿着酒器的人偶，想来应该就是表现这种场面的。

这段时间被称为“殡期”。如果是在夏天，死后几天尸体就会腐烂，发出恶臭，毋庸置疑地展现出死亡的事实。殡期是死者由生到死的过渡期，对家属而言，则是看着尸体产生物理变化而不得不承认其死亡的过程。殡期可说是人类智慧的产物。

《日本书纪》和《续日本纪》中记载的殡期：孝德天皇两个月、钦明天皇四个月、文武天皇五个月、敏达天皇长达五年八个月，通常是在一年之内。大山古坟的主人去世时古坟已经建好，所以殡期较短，大概只有两三个月。一般认为殡期活动也由土师氏负责主持。大王生前会在宫殿里设置殡宫，死后不久遗体会先安置在卧铺上躺着，直到发出腐臭味才移至木棺里。

所谓的游部，是在殡宫里举行秘密仪式的集团。他们手上拿着刀和戈（一种柄上有斜出刀刃的长矛），嘴里念着咒语，献祭酒食以安抚亡灵，必要时还会出声恫吓。至于他们口中念的是什么样的咒语，文献未曾提及。来到殡宫的家人多半是女性。以大山古坟的坟主为例，包含近身服侍他的女性在内，应该有数十人因为他的离世而过着不梳头发的禁忌式生活（避开某些事情与物品的生活）。

为了盖过尸体的腐臭味，古人会焚香并使用天然的冰块。冰块在冬天预存于冰室，蓄积一整年的量。《日本书纪》中有关仁德天皇的篇章提到奈良盆地东方山中的斗鸡（现在的都祁）冰室，其结构和最近我们在新潟等地看到的几乎相同。冰室的冰块送进殡期的殡宫里，多少能降低室内的温度。

将大王葬于大山古坟

过了两三个月，安置遗体的灵柩终于从殡宫出发，随着绵长的送葬队伍往大山古坟移动。不知当时是用人力轿子从陆路运过去，还是搭乘船只过去。来到目的地后人们从大山古坟仅存的土桥来到后圆部的顶上，将灵柩放进石棺里。为了让大王的装扮符合身份，还为他戴上项链、配上大刀。因为尸体已经开始腐败，装扮的工作很难进行。这项任务大概是从殡宫出发前由游部执行的。为了防腐，游部唱着祈求生命复活的祈祷词，并将大量的朱砂（红色的硫化银，一般认为质量比氧化铁要好）洒进木棺里。

盖上石棺盖后，人们会在石室内放置甲胄、武器、铜镜、玻璃器皿等陪葬品。然后盖上天花板石，涂抹氧化铁颜料，再洒上一些黏土。接着在上面安置巨大的屋形埴轮，并以该埴轮为中心，配置大小建筑物以模仿昔日的王宫。外围则将盾、靫（将箭头朝上收纳的箭袋）等武器埴轮排列成方形。

埋葬完成后，参加葬礼的人会前往古坟中间腰部的凸起部分，在那里简单地用餐喝酒，然后将用过的土器集中留置在一处。最后只剩下撤除通路，重新排好埴轮和砌石，以及撤除土桥的工作了。

这一天以后，就算是大王的亲人也只能站在壕沟外悼念死者，除了巡视的守墓人以外，其他人不得进出坟丘。

从海上眺望大山古坟

大山古坟完工了。

在这之前，在大阪湾沿岸，也就是为新罗使者举行献酒仪式的敏马之浦（神户市）东边，排列有三座古坟，都十分引人注目。由于东西两座古坟的前方部都面对着中间的处女冢，于是流传着两名男子苦恋一名少女而死的悲情故事，《万叶集》中也有相关的诗歌。

此后更让海上的人瞠目以望的是大山古坟。它矗立于台地的边缘，北邻田出井山古坟，南边是百舌鸟陵山古坟，其砌石在巨大的坟丘上散发着耀眼的光芒。

不论是濑户内海沿岸的人还是从九州岛搭船而来的人，抑或是从日本海沿岸经关门海峡东进濑户内海的人，自朝鲜半岛和中国等地搭船而来

的人，只要他们以住吉津也就是堺港为目的地，晴天穿越明石海峡时，白色闪亮的大山古坟就是他们最好的目标。

更何况大山古坟可说是日本列岛最大的前方后圆坟。换个说法，在4—6世纪，它是东亚规模最大的人造陵墓。因为处于从港口可见的位置，日本各地的人，乃至来自国外的人都会看得目瞪口呆吧。

当然，日本其他地区也会将古坟设在海角、小岛等靠近海洋的地方，但它们只是小型或中型的前方后圆坟。朝鲜半岛和中国则流行将大型古坟兴建在离海洋较远的平原上，所以难怪人们头一次看到大山古坟的雄伟景象会那么惊奇了。

从港口眺望大山古坟，正好可以看到坟丘最长部分的侧面。或许有人会问“那种形状有什么意义呢”“为什么要筑造成那种形状”，其实在那个凡事重视传统的时代，这些疑问恐怕是没有答案的。

堺港的维护日趋困难

堺港、大津道和大山古坟是基于一个雄伟的建设计划，分头施工营造的。营造工程结束后，大山古坟顶多有些后续整修工程，还算容易管理。但是堺港的维护工作就不如计划般顺利了。

堺港虽然符合潟湖港的条件，但是一如长峡之名，潟湖过于狭长又浅，尽管投入许多人力仍无法使其改善成为良港。在通往海洋的航道上，一遇到大风船只便会搁浅，给管理港口的津守造成了许多困扰。为了加深航道，他们使用锄帘（将四五米长的竹竿前端做成半圆形的浅筛）清除附着在船身上的泥沙。

尽管人们努力维持港口的运作，然而堺港的面积狭小，无法供数百艘船只同时停泊。而且对弥生时代以来就习惯水路行舟的日本人而言，他们也不太适应在堺港下船改走陆路到国府的移动方式。“能行舟（船）处且行舟（船）”是倭人的习惯，这和中国江南是相同的。

营造大山古坟的时代，日本虽然已经有了国际观，但国际交往并非首要之务，他们的工作重点还是放在外观雄伟的大型土木工程上。唯一能确定的是当时绝非战乱频仍的时代。

然而国内外政治状况的变化还是让人们放弃了维护堺港，探讨重新建设良港。

开凿上町台地，建造新港口

营造大山古坟的一百五十至二百年后，公元659年津守连吉祥等人被派往中国。当时航行的状况，可从同行的伊吉连博德的日记中得知。

海上航程十分辛苦。他们从难波的三（御）津浦出发，经濑户内海由筑紫（九州岛北部）离开日本列岛，然后经朝鲜半岛南端某个不知名的小岛直接横越东海。同行的一艘船遇难，津守连吉祥所搭的船抵达了越州会稽县，几天后他又前往余姚县。越州、会稽、余姚等在考古学和中日交流史上都是常见的地名，可说是江南的政治文化中心。

大抵从弥生时代以来，日本人都是以越州为目的地渡海前往中国大陆的。尤其是5世纪的倭王赞、珍、济、兴、武等遣使到南朝，应该也是以越州为目的地。越州的会稽有中国数一数二的良港宁波。宁波不是一座潟湖港，而是距离甬江河口约15千米远、位于河川左岸的港口。

659年抵达越州的津守连吉祥，大概跟管理难波三津浦的家族有所关联。我们不妨发挥一点想象力，推测他的祖先可能就是掌管住吉津，也就是堺港的负责人。所以他才有机会作为远渡重洋的技术团队的一员前往越州，从而有机会比较宁波这样的河港和潟湖港的不同。

不知道是不是津守氏的直接提议，日本人决定在靠近上町台地前端的地方开凿一条宽约50米、长约2千米、东西向呈直线的渠道。其目的有二：一是该渠道可让河内湖的水排出大阪湾，使河内湖趋于稳定，避免湖岸耕地遭受洪水之害。二是模仿宁波将开凿台地而成的河岸作为良港使用。如此一来就能拥有取代堺港的新港口了。一般认为这条水道就是今天流经大阪市的大川（旧淀川），《日本书纪》则称之为“堀江”。

大川的开凿固然是个大工程，但具有不用顾忌河岸崩塌、容易维护等优点。实际上到了后世的江户时代，诸藩的仓库都集中在大川两岸，它依然发挥着河港的功能。回溯历史，石山本愿寺、大阪城等也都围绕着这座人造河港。当年织田信

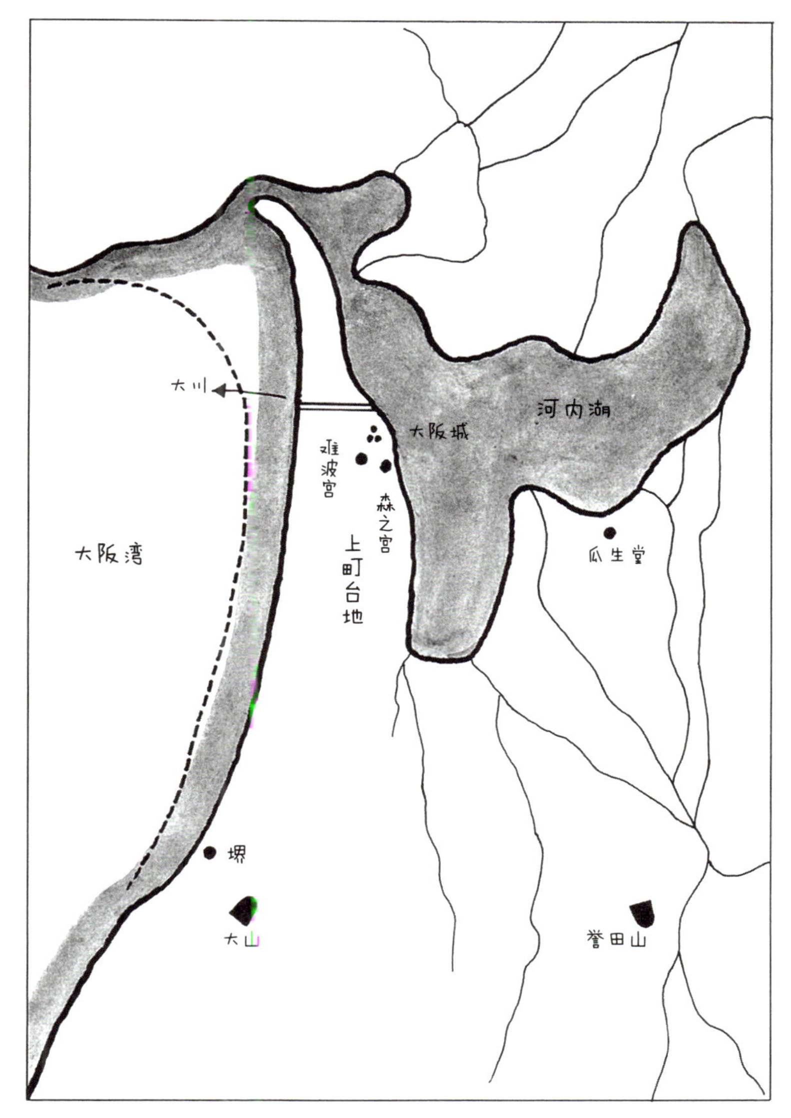

在现在的大川岸边设置了新的港口

长攻打石山本愿寺时，寺庙中人就是靠船运来的物资才能抵挡织田信长的攻击。历史继续往上溯，7—8 世纪的难波宫也和该河港有所接轨。

开凿大川时，应该是将港口设在左岸，作为贸易和交通的中心。之后河港规模日益扩大，持续发展到后世。我们不知道当年的港口如何称呼，出现在《日本书纪》中的难波高津宫，已明显道出该港口是开凿上町台地而成的，所以比一般码头要高。

对挖掘难波宫遗址贡献良多的山根德太郎，也认为大川就是难波津。从地形来看，笔者也认为它被称为“高津”的可能性很高。《万叶集》也有诗歌提到，“堀江”附近有日本各地和国外的船只穿梭往来，让读者脑海中浮现有别于古代史中的难波宫的形象，那是一个因为通商贸易而繁荣兴盛的港都。修建大川之前的堺港肯定有过类似的光景吧！

在难波津兴建四天王寺

营造大山古坟的故事说完了，读者心中或许会产生一个疑问：既然大山古坟是对应堺港的一个政治性建筑物，那么，大川港对应的建筑物又是什么呢？

大阪市内的上町台地有帝冢山、御胜山等前方后圆坟，它们既不位于大川附近，规模也称不上是巨大古坟。或许现在大阪市区还存有大型前方后圆坟的废墟，但应该比不上大山古坟的等级。

回过头来仔细想想，营造巨大古坟在中国是流行于秦和西汉时代的习俗。大川港是吸取江南智慧开凿大川而成的国际性港口，若它还致力于延续那种过时的习俗，似乎有点说不过去。针对这一点，企图遵循传统建造巨大古坟的土师氏集团和国际派的津守氏集团之间，大概有过激烈的争论。

“不如建造寺庙，竖立比巨大古坟更高的宝塔。”在有人提出这样的意见之前，大家讨论了

很长的时间。当时为了迎接来自隋、高句丽、百济等国家的外交、通商使节，难波已设有客馆，所以这是个很重要的提案。在港口附近建造巨大的伽蓝（大规模的寺庙建筑群），也是基于过去在港口附近营造巨大古坟的想法而生。

于是人们在上町台地的一隅建造了四天王寺。建筑的配置首重五重宝塔，因此形成了众所周知的四天王寺式伽蓝配置。寺庙的主要象征是高高耸立的宝塔，它也成为高津（或称为难波津）的港口象征。《日本书纪》记载四天王寺于593年开始兴建。

关于四天王寺，有些书提到一个传说：它一开始的位置是在玉造东岸，一段时间后才迁移至现在的地点（难波宫南方）。玉造在难波宫的东南方，有和大川衔接的港湾，其前端是前面提过的猪甘津。如果这个迁移的说法能获得证实，就更能确定港口和四天王寺的关系了。

难波津（高津）取代堺港登上历史舞台，其地标从巨大古坟变为大伽蓝。这象征着日本为适应新的国际社会需要所做出的改变。四天王寺直至今天仍是难波、大阪的重要象征！

解　说

森浩一

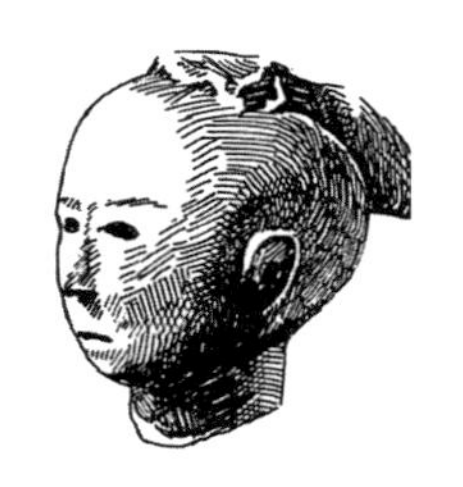

明治时代出土的“仅存头部的女子”埴轮

✧　营造大山古坟的史料与传说

笔者在本书中详尽叙述了自己对大山古坟的诸多想法，但仍有一些地方必须在此补充说明。

编纂于10世纪初期的《延喜式》有下列记载，我们可以确定这里写的就是大山古坟：

> 百舌鸟耳原中陵难波高津宫御宇仁德天皇 / 在和泉国大岛郡兆域（陵园）/ 东西八町南北八町陵户五烟

在律令制度中，掌管陵墓的是隶属治部省的诸陵寮（司）。今天我们看到的主要陵墓清单完成于10世纪。其雏形或许可追溯至更久远的从前，但其内容是否能溯及古坟时代后期就不得而知了。换句话说，奈良时代、平安时代注明的某座古坟受葬者的姓名不一定就是该坟墓原来的墓主。

例如誉田山古坟从平安时代就被当作是应神天皇的陵寝，《古事记》中有关于应神陵的记载，可《日本书纪》中又不见该陵墓营造和埋葬的记录。关于这一点，文献史学者直木孝次郎提出了应神天皇和仁德天皇本来是同一位天皇，后来被分化的说法。如此一来，就必须先证明应神天皇是实际存在的。同理，大山古坟也不能因《延喜式》的记录而被认定为仁德天皇的陵墓。

证明受葬者身份的问题先搁置一旁，且让我们整理一番其他提及大山古坟的文献。

《古事记》（以下简称“记”）和《日本书纪》（以下简称“纪”）中关于仁德陵的记载都收录在有关仁德天皇的篇章中。“记”中仅提到天皇崩殂和“御陵在毛受之耳原也”而已。“纪”中则提到仁德天皇六十七年，“幸河内石津原，以定陵地”，后面还写了一段不可解的传说：“丁酉，始筑陵。是日有鹿，忽起野中，走之入役民之中而仆死。时异其忽死，以探其痍，即百舌鸟，自耳出之飞去。因视耳中，悉咋割剥。故号其处，曰百舌鸟耳原，是其之缘也。”由于古书没有对这篇文字提出合理的解释，笔者的看法如下。

“纪”中仁德天皇六十年一段有云，传说身为劳役的白鸟陵的陵守化为白鹿逃逸。这些人原本归土师氏管理。此外，在百舌鸟古坟群东侧黑姬山古坟出土的圆筒埴轮上方发现了在竹片上雕刻的鹿，推测应该是代表该地区埴轮制作集团的图纹，但也有可能代表建造古坟的技术集团的某人。

另外，“纪”中仁德天皇四十年一段，提到仁德天皇之子隼别皇子的故事。他是仁德天皇（大鷦鷯皇子）的异母弟，两兄弟因为一名女子而阋墙。有人比喻说“鷦鷯和隼谁会先飞呢”。鷦鷯是山蝈蝈的古名，它动作敏捷，捕虫而食，形似百舌鸟。

因此，如果前面的传说中提到的百舌鸟其实是鷦鷯，那么耳朵被咬碎的鹿就相当有象征性了。

《万叶集》有名的乞丐诗中，鹿按自己的身体部位来说明对人类的贡献。“吾耳乃御墨坩”，即技术人员使用的墨斗。如果传说中出现的鹿是营造古坟的技术人员，深受技术人员喜爱的墨斗（耳）被咬烂了，那么这个传说的寓意也就容易理解了。

看来鹿耳被咬烂的故事，可能意味着营造古坟的时候，发生了一些土师氏的技术无法解决的事件。

✧ 幕府末期和明治的壕沟工程

笔者小时候住在南河内的乡下地方，常听人说“狭山池的水通往大山（仙）池”。大山池就是仁德陵的壕沟。如果这种说法源自大山古坟建造时，笔者不禁兴奋地揣测，从狭山池开凿的年代能推论出大山古坟的年代。

狭山池位于南河内郡狭山町，是位于大山古坟东南边 8.5 千米、面积为 4 平方千米的大池。该池乃筑堤在泉北丘陵和羽曳野丘陵之间谷地的蓄水池，须惠器窑址群就在其东侧，狭山池的内侧斜面也曾有几处陶窑遗迹（现在已经没有了）。调查发现 6 世纪后半段还盛行烧制须惠器，之后却戛然停止，陶窑成为废窑。大约在废窑时期，才建设了巨大的水池。笔者认为，河内湖周边尤其南岸一带是传统农地，在开凿大川时，为了灌溉才开凿此大蓄水池。18 世纪初期大和川改道工程之前，狭山池的水可以到达大阪市的平野区。因此“记”中虽然提到狭山池建于垂仁天皇时代，但这恐怕是编纂者因某种历史观的因素故意将年代提早了。

目前大山古坟的壕沟有三道。第三壕在后圆部一侧，因为和陪坟冲突而迂回，显得很不自然。这是因为明治三十二年（1899）至三十五年进行的维修工程将其改成了现有的三道形式，这并非原貌。当时甲午战争刚结束，日俄战争正要开打，明治政府为了宣扬国威而致力于整修“仁德陵”。知名的“仅存头部的女子”埴轮就是在那次的工程中出土的。报道这一消息的明治三十三年七月三日《大阪每日新闻》中说：“市东郊的大仙陵在宫内省诸陵寮规划的整修工程中新设三重壕沟……”可见现有环绕三道的壕沟，并非本来的形式。

另外一个和原来形式不同的是环绕在第一壕和第二壕之间的土堤。该堤原本在谷侧 50 米处戛然而止，第一壕和第二壕在此交会，形成一片水面。第一壕的水是用于灌溉的，所以这种设计是理所当然。江户时代初期仍保留此种设计，这大概是古坟营造之初的样式。

可是江户时代末期，在尊王攘夷的风气中，幕府提出的朝廷政策之一就是修筑天皇陵。这个

《和泉名所图绘》卷一之大鸟郡

史称“文久修陵”的工程，与其说是复原古坟，其实重视的是整修的效果，整顿重点在于前方部一侧的祭拜场所和壕沟的整建。

该项工程从文久二年（1862）进行到翌年。一向引用大山古坟壕沟水的农民哀求请愿：“土堤中断乃是自古以来的形式，希望能维持原貌。”但幕府还是以石材做暗渠，将外观做成了环绕的长堤。从此壕沟水就难以被利用了。江户时代有过两次农民使用狭山池水的记录，每年都有要求使用狭山池余水的请愿运动。

✧ 前方部石室的发现

明治五年（1872）九月，大山古坟前方部露出了一个竖穴式石室，里面安置有长持形石棺。几乎所有跟古坟有关的书都会介绍这项发现。当时是九月，人们推测是台风带来的大雨使坟丘崩塌，导致石室外露。但笔者调阅当时的公文，发现那是有计划地挖掘的结果。此一看法已发表于拙著《巨大古坟的世纪》（岩波新书）。

明治五年之时，大山古坟所在的大阪府南部仍隶属于堺县。县政府所在地是堺市。当时的县令（县长）就是对考古有兴趣、到处挖掘古坟的税所笃。税所笃历任新政府要职，晚年还担任过元老院议员、枢密顾问官等职。他是萨摩藩（现在的鹿儿岛县和一部分的宫崎县）出身，和大久保利通等人有深交，一如司马辽太郎在小说《宛如飞翔》中所写“尔等为了天下，尽力去做吧！金银和粮食交给我处理”。这里的“我”指的就是税所笃，“尔等”则是大久保和西乡隆盛。换句话说，税所笃担任堺县县令，和过去织田、丰臣、德川等历代政权直接统治县可说是一脉相承。

有关明治五年的挖掘行动，本书没有提及其动机和经过。当时大山古坟变成被鸟屎污染的鸟巢，四月份有人提出了打扫的申请，在打扫过程中发现了石室。而在给政府的报告中，只提及石柜而未提石棺，这很不合理。根据笔者的挖掘经验，该报告充满了疑点，令人怀疑这是有计划的挖掘。政府似乎也很困扰，翌年完全没有提到石

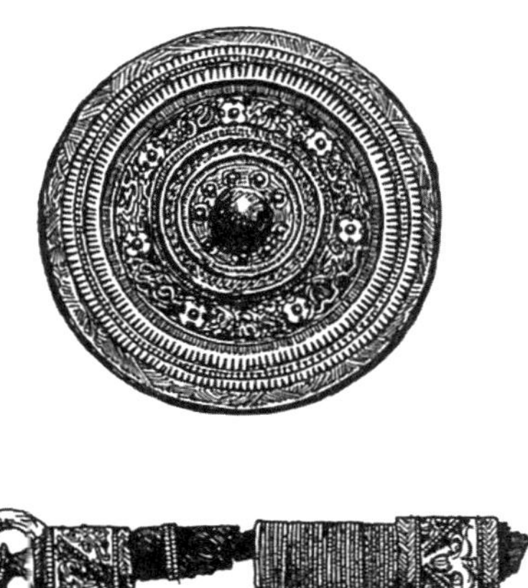

铜镜和环头大刀之刀柄（波士顿美术馆藏）

室，而以扫除工作完全没有进行为由，撤除了坟丘内的临时木屋和小船。

当时挖掘到的石室图现存于大阪市立博物馆（原为堺市富商冈村家所藏）。那是当时正巧参与文部省社寺宝物调查的大阪画师柏木政矩于九月七日画的，他还画了石室出土的甲胄图。对照这两张图，可知陪葬在长持形石棺周遭的有甲胄、铁刀、玻璃器皿等物品。甲胄是镀金的短甲（用铆钉固定或皮绳连接金属片制成的盔甲）和眉庇付胄（正面有帽檐、头顶有凸起的头盔），甲胄上还挂有步摇装饰。

美国波士顿美术馆收藏有号称是仁德陵出土的铜镜和环头大刀的豪华刀柄。这些恐怕也是明治五年出土的文物，也许就是从石棺中取出的。有趣的是，税所笃于明治五年曾经矛盾地表示："仁德时代还没有石棺""甲胄也是后代之物，石室里面没有石棺而只有装宝器的石柜"。事发三年后的明治八年，他又有完全不同的说法，也就是他对落合直澄（国学家）说的那番话："从制作精巧的甲胄、造型庄严的石棺来判断，那应该不是寻常人等，甚至有可能是天皇之物。由于当时有皇子的叛变，所以天皇才没有葬于后圆部，而藏于前方部吧。"看来明治五年应该是出了什么事，所以他不得不遮掩事实，相信这个谜底将来会水落石出。

✧ 前方部的整修工程

研究日本古坟的希区柯克，于1891年在美国杂志上发表了其研究成果。希区柯克在文中提道："成为天皇陵的前方后圆坟被政府美化、改造实为一种不幸，它破坏了古坟原有的特色。"这是个直到今天仍然说得通的敏锐观察，然而学界一直无视警告，始终将宫内厅测量图中的坟丘当作是古坟时代的原貌来研究，其结果当然是无功而返。

对于大山古坟，希区柯克认为那些石墙、灯笼、鸟居（牌坊），甚至连步道都不是原来就有的。目前位于前方部的祭拜所和鸟居是幕府末期所设的，将前方部南侧当作正面配置这些设施，

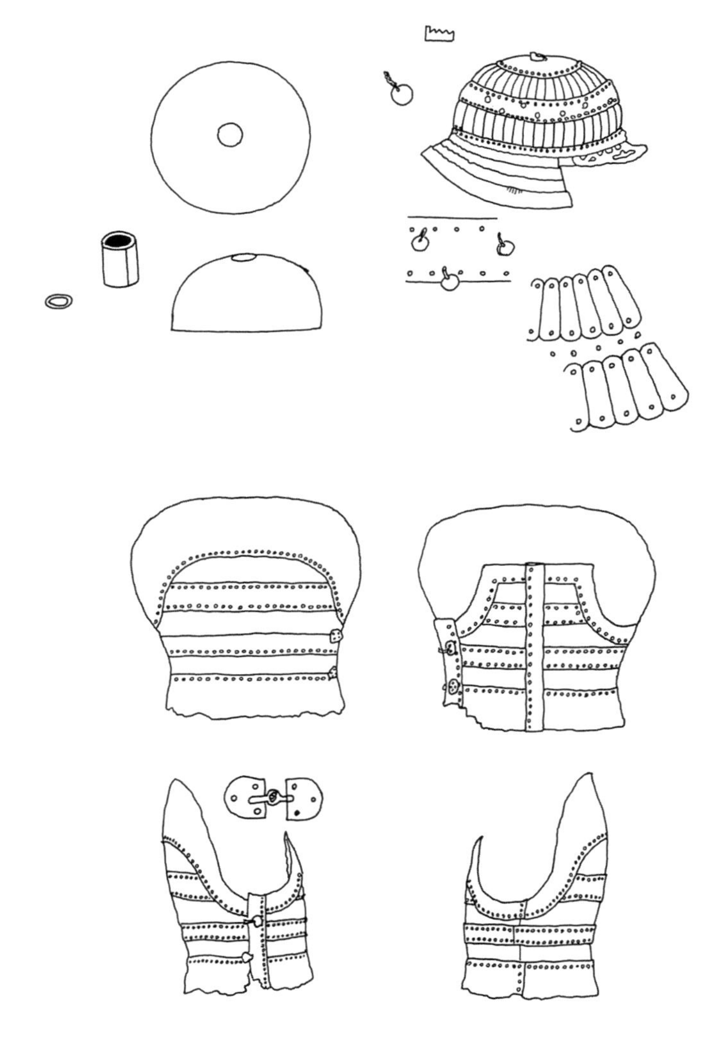

根据柏木政矩所绘的《御甲胄图》

是受到了蒲生君平将这种古坟假设为“前方后圆”的影响。

希区柯克同时在该杂志上公布大山古坟坟丘的照片，可以看出前方部靠近水际的部分已严重毁损。事实上大山古坟整个坟丘早已伤痕累累，不能说是保存完好的古坟。因此前方部正面部分的美化工程应该是在壕沟工程（将第三壕改成环绕状）之前，也就是明治时代上半叶完成的。

由于当时的工程费用不足，人们只好从坟丘内取土利用。因为取用了靠近前方部前端的东侧和西侧的中段和下段（尤其是下段）的土，以及前方部正面的中段和下段的土，这使各段倾斜的角度变得更陡，也让东段的形状更加好看。同时人们还利用取出的泥土调整坟丘轮廓，将前方部的前端稍微扩大。这项工程将明治五年发现的石室隐藏了起来。

今天我们所说的复原古坟，自然是指忠实地使其恢复成原来的形态。但文久修陵和明治政府的修陵，追求的是让古坟显得更美更庄严的政治性效果，着重让祭拜可见范围内的景观更美。当时管理陵墓的官吏们认定作为天皇陵的前方后圆坟就应该是三段结构、四周环壕、坟丘和环壕呈左右对称的理想形态，所以大山古坟的整修当然也就朝此方向进行了。一如前述，他们无视当地居民的请求，强行让中断于第一壕和第二壕之间的土堤改道，也是源于天皇陵必须左右对称的想法。

因为前方部的工程，大山古坟的坟丘稍微扩大了些。目前坟丘全长 487 米，原来是 475 米。前方部正面的宽度现在是 307 米，原来是 290 米左右。这些数据都是没有经过实地观察的纸上作业，还有待未来检核。

另一方面，江户时代的奉行[1]曾经在后圆部东侧中间部分设置供“与力”“同心”[2]驻防的哨所，造成了一些损伤。不过这对坟丘的长度没有影响，现在后圆部的直径是 250 米，几乎跟原来的尺寸一样。据说明治时代也曾扩张下段，原来的规模只有 240 米。由于没有实地观察，笔者不敢断言。

✧ 期待天皇陵的公开

从幕府末期到今天的一百年间，大山古坟可说是受到了莫名其妙的对待。4—6 世纪，大山古坟既是东亚最大的古坟，也是日本特有的前方后圆坟，因此常被当作代表过去的大王——也就是天皇家先祖权力——的具体象征。大部分的天皇陵古坟在文久修陵后都没有太大改变，只有大山古坟不同。前面已经说过，从祭拜所能看到的前方部正面已被彻底整修过。第二壕和第三壕改为环绕壕沟的工程也在明治时代完成。

直到第二次世界大战结束后，这种情况依然未变，设于幕府末期的鸟居也没有撤除。战败之前，堺市旧市区遭到美军的疯狂炮击，几乎全毁。民众为了临时造屋，拿百舌鸟古坟群的一些古坟当作墙土的采土场，加以恣意破坏。在那样悲惨的状况下，大山古坟仍是严禁进入的。

我们总是要提战败后的悲惨状况。当年由于缺乏粮食，没有白米，人们只能用油渣、玉米粉充饥。车站的检票员认定乘客身上有跳蚤，强行喷洒现已禁止使用的 DDT 杀虫粉。在美军占领下，日本没有所谓的个人自由，大家根本不敢抱怨。

在那样的情况下，有一天报纸刊登了从空中拍摄的大山古坟照片。今天看到天皇陵古坟的航拍照片是稀松平常的，但在战败前这种拍摄是被禁止的。因此这张航拍照片红极一时，物资不足的惨淡生活的日本人看到远古时代修建的伟大建筑，心中不禁燃起了希望。当时还是小孩子的笔者内心也充满期待，心想在不久的将来考古学家将会进行挖掘，解开古坟的谜团。

然而，对于天皇陵，宫内厅始终坚守就算是考古学家也不准进入坟丘的方针。但另外一方面几乎所有有壕沟的古坟都采用了在靠水的地方砌上石墙的做法。即便那附近有埴轮排列，也不对研究者公开，只是由一部分人处理掉了。

昭和三四十年代的日本高中教科书中肯定会有仁德陵的航拍照片。通常作为“大和朝廷进军朝鲜半岛”的插图使用。这座古坟暗示着有能力建造巨大古坟的日本的国力和当时的政治情势。当然“大和朝廷进军朝鲜半岛”就是所谓的任那

1　存在于日本平安时代至江户时代的一种官职，即掌管地区政务的长官。
2　幕府时代的下层武士。

出自高志芝严所著《头注全堺详志》（宝历七年，1757 年）

日本府问题[1]。笔者认为就考古学的观点很难认定该说法成立，可是教科书企图用仁德陵的照片给高中生以视觉印象。一如前述，笔者强调应该将仁德陵改称为大山古坟的原因之一，就是要避免这种针对古代史的为所欲为的做法。

✧ 受葬者的名称和营造年代

笔者对大山古坟的认识，几乎都已经书之笔墨。其实若以该古坟为百舌鸟耳原中陵，也就是仁德陵为前提下笔，是可以写得很轻松的。只要照着“记”“纪”中的仁德天皇事迹，补充《宋书》等中国史料记载的倭国五王，再特别说明赞、珍等问题就好了。如此一来也无须提供笔者的个人看法，还能将判断的责任转嫁给“记”“纪”和《延喜式》等古籍。

关于大山古坟的受葬者，昭和四十三年（1968）藤间生大在其所著的《倭之五王》（岩波新书）中发表了大山古坟为倭王济（也就是允恭）之墓，誉田山古坟为反正天皇之墓的看法。这个新的见解不仅给当时的年轻考古学研究者诸多勇气，令他们奋起直追，而且相对于一部分考古学者在同一古坟群内对天皇陵进行比对推估，显得更具流动性，也可以重新对古市古坟群和百舌鸟古坟群做比对推估。

前面也稍微提到过，有段时间，只要记录在

1　一些日本学者认为大和政权于 369 年侵略朝鲜半岛东南部一带，在伽倻地方设置“任那日本府”，一直到 562 年实行了长达两百年的殖民统治。韩国学界认为这是日本殖民主义史学者夸大失实的宣传，是 19 世纪后半期日本帝国主义意图合理化对韩国的侵略而捏造的一种说法。

平安时代《延喜式》中的各天皇陵墓能和各地古坟相对应，就表示该陵墓的记录是真实的。实际上那样只能确定平安时代指定它是哪位天皇的陵墓，至于指定的墓主是否是原来古坟时代的受葬者，仍需要其他证据来证明。对于这一点，山根德太郎针对誉田山古坟也发表了同样的意见。说来真是难堪，考古学者似乎有种头脑简单化的倾向，很容易相信宫内厅的指定说法。尽管内心有其他想法，一旦考古学将遗迹名定为仁德陵，大众自然会将这坟墓解释为埋葬仁德天皇的皇陵。这就是约定俗成使用汉字命名的结果。既然内心有不同的看法，那就应该改用大山古坟来称呼。

近年来小说家也开始对古代史产生莫大的兴趣。其中有位黑岩重吾[1]，他长期住在百舌鸟古坟群内，对巨大古坟和古坟时代末期的人们深感兴趣，创作了许多历史小说。黑岩先生认为大山古坟是倭王武之墓。

就笔者的立场来说，不管是仁德天皇还是反正天皇，这种以汉风谥号作为受葬名称的做法并不合适。就算为了避讳而像“记”“纪”那样使用大鷦鷯天皇等和风谥号，但“记”“纪”记录的是6世纪中期以后的史实，只能证明那些人物的存在，古坟的受葬者和营造年代不是那么容易就可以确定的。

最重要的是，只有天皇陵像其他古坟一样在一定的规则下让研究者进入坟丘内，让他们用自己的眼睛观察各段状况、埴轮配置的位置等，进行考古学最基础的研究，才有可能将营造年代确定在一定范围内。现阶段这仍然有困难。

根据我们现在能看到的少量资料，不论是藤间生大所说的倭王济之墓，还是黑岩重吾所说的倭王武之墓，这些假设都有成立的可能。但若定为钦明之墓或是推古之墓，则是完全没有可能。严格说来，大山古坟营造年代的范围，是上起5世纪中期，下至6世纪初期。

1　黑岩重吾（1924—2003），小说家，著有《假日断崖》《背德的手术刀》《圣德太子》等。

后记之一

森浩一

从笔者的书房窗口向外望，穿过南禅寺林木的枝叶可以俯瞰京都街景。完成这本书的现在，寺庙的庭院中到处有高声鸣叫飞来飞去的鹎鸟，又将是筑巢的季节了。去年春天刚开始写这本书时，笔者家庭院的树枝高处有鹎鸟筑巢，只见两只老鸟忙着运送食物喂养雏鸟。那天笔者正在写稿，忽然听见鹎鸟像发了疯似的喧闹，走到庭院一看，原来有一条大青蛇爬上高枝正准备袭击鸟巢。笔者用竹竿赶走大青蛇，将躲在屋檐下避难的雏鸟放回窝巢，但是雏鸟立即飞跑从此不再靠近旧巢。还好雏鸟已经有能力飞翔两三米远，之后似乎也顺利成长。如果去年的雏鸟夹杂在现在那些歌唱飞舞的鹎鸟群中，即意味着雏鸟的成长和这本书的诞生有着相同的步调。

照理说每天从书房窗口看出去的风景应该是一样的，然而笔者会因当天的天气或是自己的健康状态、心情而感觉有所不同。说得极端一点，有时笔者看到的是一只雏鸟或是一朵含苞待放的茶花，有时则看到树梢上方如日本海般波涛汹涌的云彩和宽广的天空。

写书也会因为焦点的不同而方向不同。本书写作的焦点基本上和那天将视野放诸天空一样，笔者希望能首先解开“为什么日本首屈一指的巨大前方后圆坟会建筑在那个时期、那个地方”的疑问。

笔者于昭和五十三年（1978）负责编纂《大阪府史·第一卷》（古代篇），并执笔古坟时代的章节。当时笔者认为挖凿大川的动机在于河内湖的治水对策，完全没有注意到大阪湾沿岸有一道沿着沙丘的狭长潟湖，也没有想到那里曾是潟湖港。因此对于百舌鸟古坟群的巨大前方后圆坟为什么会兴建在百舌鸟野上，无法积极地提出意见。

人有时会绕远路。笔者仿佛改变研究主题似的，有一段时间突然被古代日本海文化所吸引，从昭和五十六年（1981）起的三年间，于富山市举办古代日本海文化研讨会，并于昭和五十九年（1984）

在金泽市举办同一主题的国际性研讨会。笔者将在富山市三年的成果集结成三本书（小学馆出版）付梓，国际研讨会的内容也即将整理完成，在此暂且不予介绍。对于笔者关心的重点——日本海沿岸各地潟湖港的复原，经研究，笔者发现了以潟湖港为中心的大古坟和寺院遗址等考古学遗迹的分布方式，不禁对潟湖港在各地域古代文化的扩展中扮演的角色另眼看待。

有关古代日本海文化的研究，以对比方式分析太平洋沿岸的古代遗迹，带来了许多异于过去的看法。至于笔者不擅长的自然地理学知识，是恳请立命馆大学日下雅义教授传授的。教授不厌其烦地为笔者解说专业用语，并就潟湖港进行探讨，所以笔者才能于本书中发表诸多成果。笔者认为，沿着海岸线南北狭长的潟湖一带古名为住吉津的这项假设，若受到各界批判，理当由笔者承受。对于同样在堺市旧市区却南北分离的摄津和和泉，它们的分离是笔者从小就觉得不可思议的现象。也就是说，今天住吉神社所在的摄津包括几乎整个止于南部地区直至潟湖，或许是自古留下的传统。很明显摄津国就是津，也就是拥有港口的国家。

另外笔者还发现，被称为大津道的长尾街道和被称为丹比道的竹内街道南北平行，但我们一向对其西端终点没有概念。笔者认为长尾街道的终点是堺港，这可从别名大津道（通往“大津”的道路）得知。竹内街道也是在大山古坟的东北方转向西北，顺着低缓的段丘斜面抵达堺港。日下雅义教授认为长尾街道没有从段丘斜面直线而下，而是转向西北到达浅香浦，不过本书还是采用了直线说。这些问题在不久的将来会因考古挖掘而有所进展。

大山古坟受到天皇陵不许进入的制约，缺乏考古学基本的临场观察，我们只能通过古文献、地图、航拍照片等资料了解，因此笔者必须加上许多个人的大胆推测。此外承蒙京都大学山田庆儿教授教给笔者中国古代测量法。有关大山古坟的设计和土地区划，则是参考长期在堺市从事研究、笔者尊敬的好友宫川徙的研究成果，然而宫川的大寻与小寻说、后圆部四段说等，本书都没有采用。如果能够实地考察，这些都是短时间内可以解决的问题。

最后希望观察陵墓这种很普通的研究行为能够在大山古坟早日实现，是为后记。

后记之二

穗积和夫

开山造路、兴建房屋等，在现代已是司空见惯的事。然而对于古人特意在平地造起一座大山的想法，现代人则望尘莫及。“为什么要建造那么大的东西呢？”“到底是谁，怎么造出来的呢？”我从一开始先发出这些单纯的疑问，然后巨大古坟的影像逐渐在我的脑海中成形。光是一座大山古坟，包含壕沟的全长就有电车一站路的区间那么长，实在很难掌握其庞大的规模。

我参与描绘日本古代建筑和都市建造的书，这本是第6本。每次变换主题，都有无法预期的困难等着我，让我焦头烂额。这一次是以建造古坟的土木工程为主，它有别于过去复杂的建筑物架构，光是其规模之巨大就令我瞠目结舌。而且还不只是大，地质的选择、泉水的处理等，古人的智慧实在是令人叹为观止。

在森教授的热心指导下，我终于完成了这本书，却用了比预期还久的时间，给读者和协助人士造成了困扰，谨在此表达深深的歉意。

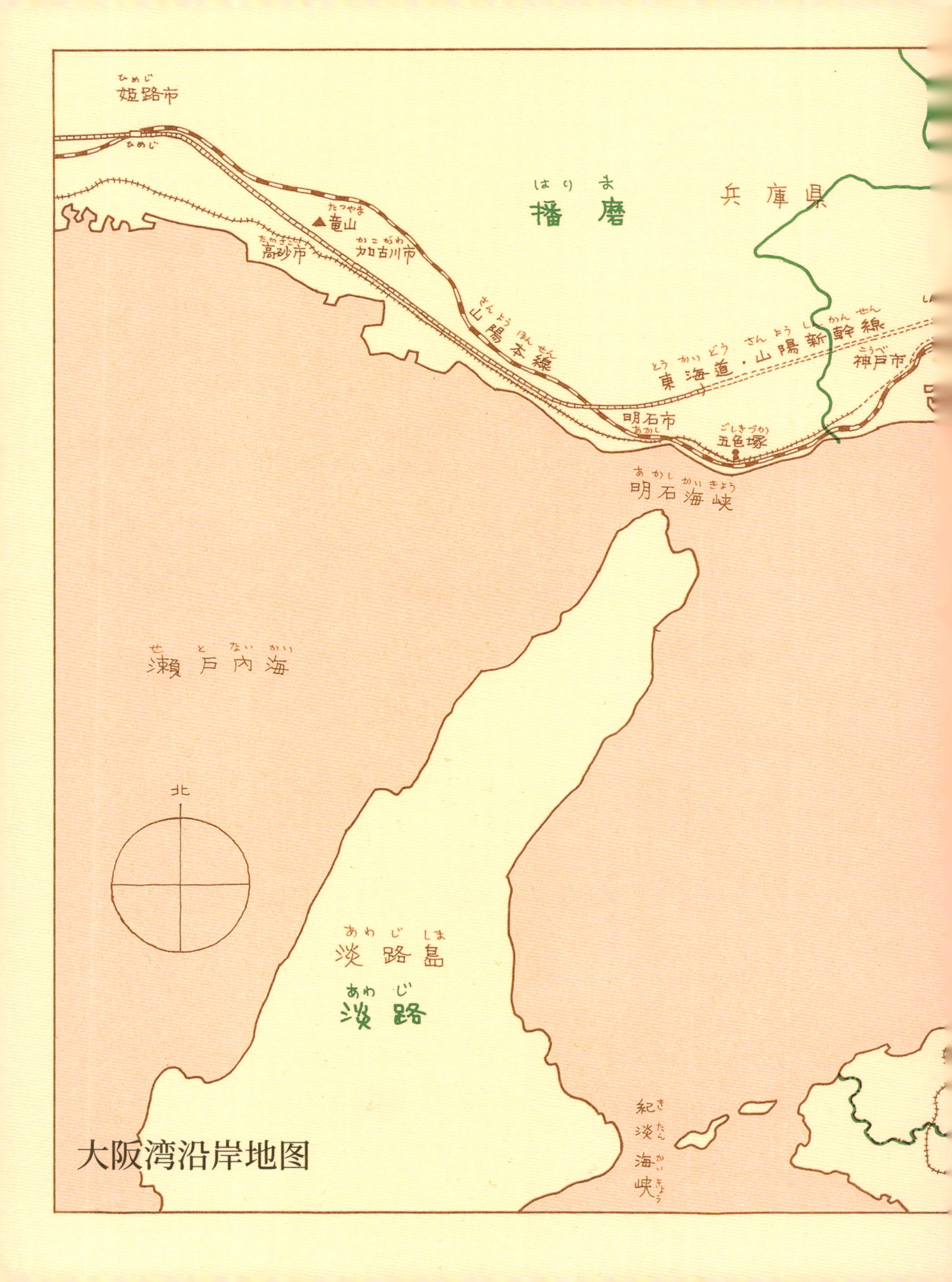

姫路市
播磨
兵庫県
竜山
高砂市
加古川市
山陽本線
東海道・山陽新幹線
神戸市
明石市
五色塚
明石海峡
瀬戸内海
北
淡路島
淡路
紀淡海峡

大阪湾沿岸地图

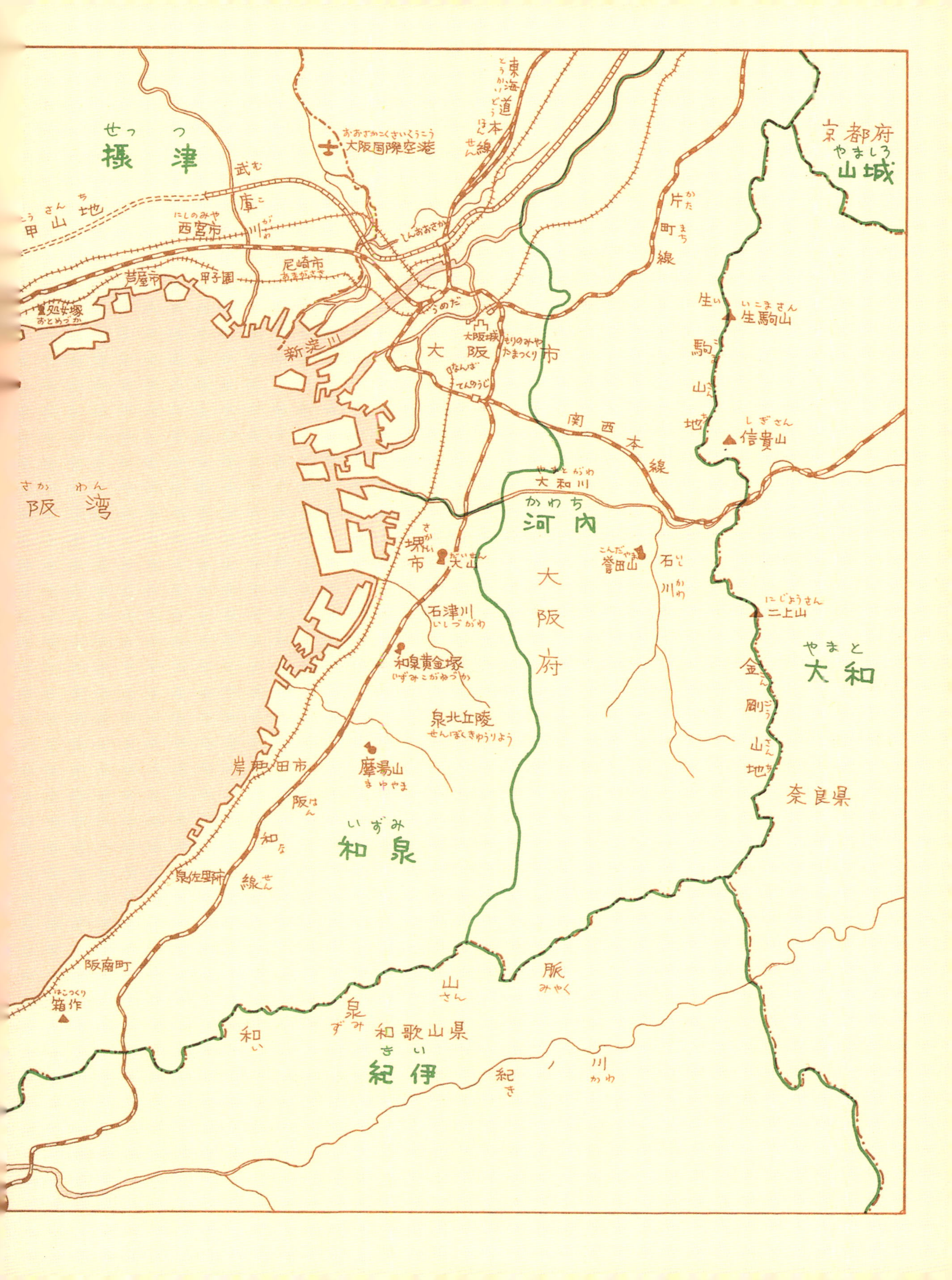
摂津
京都府
山城
甲山地
西宮市
武庫川
東海道本線
大阪国際空港
芦屋市
甲子園
尼崎市
処女塚
新淀川
うめだ
大阪城
もりのみや
たまつくり
大阪市
なんば
てんのうじ
片町線
生駒山地
生駒山
信貴山
関西本線
大和川
阪湾
河内
堺市
大山
誉田山
石川
石津川
大阪府
二上山
和泉黄金塚
大和
金剛山地
泉北丘陵
岸和田市
摩湯山
阪和線
和泉
奈良県
泉佐野市
阪南町
箱作
和泉山脈
和歌山県
紀伊
紀ノ川